SOSTENIBILIDAD Y CULTURA
EN MUSEOS Y ESPACIOS PATRIMONIALES

SOSTENIBILIDAD Y CULTURA EN MUSEOS Y ESPACIOS PATRIMONIALES

Iñaki Arrieta Urtizberea y Joan Seguí, eds.

UNIVERSITAT DE VALÈNCIA

Esta publicación se ha llevado a cabo en el marco del proyecto de investigación «Patrimonio inmaterial y museos ante los retos de la sostenibilidad cultural. Políticas, estrategias y metodologías en la era poscovid, PIMUS+» (PID2021-123063NB-I00), financiando por el Ministerio de Ciencia e Innovación y el programa FEDER.

© De la presente edición: Universitat de València, 2025
Publicacions de la Universitat de València
http://puv.uv.es
publicacions@uv.es

Diseño de la cubierta: Publicacions de la Universitat de València
Corrección y maquetación: Letras y Píxeles, S. L.

ISBN Papel: 978-84-9133-849-9
ISBN PDF: 978-84-9133-850-5
https://doi.org/10.7203/PUV-OA-9788491338505
Diposit legal: V-5284-2025

Impreso en España

ÍNDICE

SOSTENIBILIDAD Y CULTURA
Más allá de los tres pilares

Iñaki Arrieta Urtizberea[*] *y Joan Seguí*[**]
[*] Universidad del País Vasco / Euskal Herriko Unibertsitatea
[**] L'etno, Museu Valencià d'Etnologia

SOSTENIBILIDAD: MEDIOAMBIENTE, ECONOMÍA Y SOCIEDAD

La emergencia de la sostenibilidad

El 25 de septiembre de 2015, los Estados miembros de Naciones Unidas aprobaron la Agenda 2030 para el Desarrollo Sostenible con sus 17 objetivos, los llamados objetivos de desarrollo sostenible (ODS), y 169 metas. La Agenda entró en vigor al año siguiente, en 2016, y estará vigente hasta 2030. Esta ofrece un marco normativo y técnico para la acción gubernamental con el fin de erradicar la pobreza y proteger el planeta contra la degradación. Como se dice en el texto de la resolución: «Nos comprometemos a lograr el desarrollo sostenible en sus tres dimensiones –económica, social y ambiental– de forma equilibrada e integrada».[1]

Como ya es sabido, la preocupación por la evolución del planeta no es reciente en Naciones Unidas. Ya en 1972 organizaron la Conferencia sobre el Medio Humano en Estocolmo. En su declaración se afirma: «Hemos llegado a un momento de la historia en que debemos orientar nuestros actos en todo el mundo atendiendo con mayor cuidado a las consecuencias que puedan tener para el medio».[2] Unos pocos años antes se había constituido el llamado Club de Roma, formado por científicos y políticos. En 1972 el Club publicó el informe *Los límites del crecimiento*, un estudio

1. <https://unctad.org/system/files/official-document/ares70d1_es.pdf> (consulta: 8/1/2024).
2. <https://docs.un.org/es/A/CONF.48/14/Rev.1> (consulta: 08/01/2024).

exhaustivo acerca del impacto global de la actividad económica y de la crisis a la que se abocaba el planeta, sosteniéndose que «debemos empeñarnos conjuntamente en el logro de un estado armoniosos de equilibrio global económico, social y económico, basados en una convicción común benéfica para todos» (Meadows et al., 1972: 243). Para ello, afirman, el ser humano «debe explorarse a sí mismo –sus objetivos y sus valores– tanto como al mundo que trata de cambiar» (Meadows et al., 1972: 246). Mas allá de las críticas metodológicas, económicas y políticas que recibió el informe (Bardi, 2011), este, según Edgar Morin, constituyó «un doble nacimiento siamés: el de la nueva ecología general, en su plena apertura planetaria, que engloba las inter-retroacciones entre la biosfera y la esfera antroposocial; el de la nueva consciencia ecológica, en toda su amplitud antropo-eco-planetaria» (Morin, 1993: 100).

De este modo, en la década de los setenta del pasado siglo, afloró la conceptualización moderna de desarrollo sostenible, la cual se ha ido generalizando como una «bola de nieve» (Purbis, Mao y Robinson, 2019: 682). En la siguiente década, su uso se extendió ampliamente (Purbis, Mao y Robinson, 2019), apareciendo por primera vez en el ámbito de las políticas internacionales en 1980. Concretamente, en el documento *Estrategia Mundial para la Conservación*, publicado por la Unión Internacional para la Conservación de la Naturaleza y los Recursos Naturales (UICN), cuyo subtítulo es: «La conservación de los recursos vivos para el logro de un desarrollo sostenido» (Duxbury, Kangas y De Beukelaer, 2017).

Si bien la Conferencia sobre el Medio Humano en Estocolmo y los trabajos del Club de Roma marcaron hitos importantes acerca de los debates y las propuestas respecto al futuro de la humanidad y del planeta, existe un consenso general de que fue el informe *Nuestro futuro común* de 1987, conocido también como el Informe Brundtland, de la Comisión Mundial sobre Medio Ambiente y Desarrollo (WCED) (Mebratu, 1998), el que, por un lado, aportó una relación normativo-conceptual entre las preocupaciones ambientales y los resultado (Nurse, 2006), y el que, por otro, popularizó el concepto de desarrollo sostenible (Adams, 2009). Definiéndose este como aquel «desarrollo que satisface las necesidades del presente sin comprometer la capacidad de las generaciones futuras para satisfacer sus propias necesidades».[3]

El Informe Brundtland representó un punto de inflexión en la reflexión sobre el medio ambiente y el desarrollo, buscando superar las aproximaciones sectoriales y parciales que habían caracterizado los planteamientos y las acciones llevados a cabo

---

3.   <https://www.ecominga.uqam.ca/PDF/BIBLIOGRAPHIE/GUIDE_LECTURE_1/CMMAD-Informe-Comision-Brundtland-sobre-Medio-Ambiente-Desarrollo.pdf/>(consulta:20/01/2024).

hasta entonces, centrándose en las necesidades humanas (Redclift, 1992). Reconoció la inseparabilidad de las cuestiones medioambientales, el desarrollo y la pobreza; si bien defendió la premisa de que era necesario un mayor crecimiento económico para alcanzar sus objetivos, lo que dio lugar a críticas y a un cierto escepticismo. Para algunos, la Comisión se había vendido al poder de las grandes empresas (Springett y Redclift, 2015). No obstante, supuso, como decíamos, un punto de inflexión, porque hizo que las cuestiones relativas a la sostenibilidad adquirieran una gran importancia geopolítica (Mabratu, 1998).

Nuevos planes, agendas, programas o directrices se establecieron posteriormente con el objetivo de promover el desarrollo sostenible. Entre otros, la Conferencia de las Naciones Unidas sobre Medio Ambiente y Desarrollo celebrada en Río de Janeiro, en 1992, conocida como la Cumbre de la Tierra; la Conferencia de las Naciones Unidas sobre Desarrollo Sostenible celebrada en 1993; la Cumbre Mundial sobre el Desarrollo Sostenible Río + 10, que se celebró en Johannesburgo en 2002; o, para acabar, los Objetivos de Desarrollo del Milenio (ODM) de la Declaración del Milenio, aprobada por Naciones Unidas en el año 2000. Esta declaración es la antecesora de la Agenda 2030 para el Desarrollo Sostenible, actualmente vigente, como se ha señalado con anterioridad.

A modo de resumen, se podría decir que a lo largo del tiempo los planes, las agendas, los programas o las directrices se han centrado preferentemente en las preocupaciones ambientales como consecuencia de las degradaciones ecológicas, siendo estas la piedra angular del desarrollo sostenible. Posteriormente, se incorporaron las cuestiones económicas y, algo más tarde, los asuntos sociales (Nurse, 2006; Soini y Birkeland, 2014; Stylianou-Lambert, Boukas y Christodoulou-Yerali, 2014). De este modo, el abordaje del desarrollo sostenible suele presentar esas tres dimensiones: la ambiental, la económica y la social. Un *triple bottom line*, como definió John Elkington a mediados de los años noventa del pasado siglo:

> Hoy en día pensamos en términos de «línea de base triple» (*triple bottom line*), centrada en la prosperidad económica, la calidad ambiental y –el elemento que las empresas preferían pasar por alto– la justicia social. Nada de esto era nuevo, por supuesto. *Our Common Future*, el informe de 1987 de la Comisión Mundial sobre el Medio Ambiente y el Desarrollo, había dejado perfectamente claro que las cuestiones de equidad, y en particular el concepto de equidad intergeneracional, constituían el propio núcleo de la agenda de sostenibilidad (Elkington, 1997: 72-71).

La cuestión de los tres pilares

Si bien esas dimensiones ya estaban de manera implícita en el Informe Brundtland, como afirma Elkington, su presencia se hizo explícita en la Agenda 21 aprobada por la Conferencia de Naciones Unidas sobre Medio Ambiente y Desarrollo de 1992. Las tres dimensiones, que también articulan la Agenda 2030, fueron consideradas los pilares del desarrollo sostenible por las propias Naciones Unidas en su cumbre en Johannesburgo en 2002. Dichos pilares representaban el lema de la cumbre: «las personas, el planeta y la prosperidad» (Moldan, Janoušková y Hák, 2012: 4). De este modo, para garantizar el desarrollo sostenible, este se tiene que asentar sobre esos tres pilares, los cuales, a su vez, han dado lugar a otros tres tipos de sostenibilidad: la sostenibilidad ambiental, la sostenibilidad económica y la sostenibilidad social (Mensah, 2019).

Estos pilares, que han ganado una gran popularidad en el mundo institucional y académico, han terminado convirtiéndose en un lugar común. Tan común que parece no requerir mayor justificación conceptual (Purvis, Mao y Robinson, 2019), especialmente en la plano político e institucional (Duxbury, Kangas y De Beukelaer, 2017), a pesar de que no haya consenso sobre los objetivos de cada pilar, la operacionalización de dichos objetivos y de los indicadores que den cuenta de ellos (Littig y Griessler, 2005). Es más, los tres pilares suelen tener un tratamiento desigual. Priman los argumentos económicos sobre los ambientales y sociales, y muy en particular sobre estos últimos (Littig y Griessler, 2005). Unos argumentos que no han cambiado sustancialmente desde los años setenta del pasado siglo, y que han venido legitimando un sistema económico insostenible durante los últimos doscientos años (Stephenson, 2023).

Esa falta de definición y concreción acerca de los pilares es igualmente aplicable a los propios conceptos de desarrollo sostenible o sostenibilidad,[4] los cuales presentan una amplia gama de significados (Alhaddi, 2015; Garthe, 2023; Hajirasouli y Kumarasuriyar, 2016; Littig y Griessler, 2005). Hay quienes consideran que esta amplia gama de significados es una buena estrategia política porque permite alcanzar un cierto *consenso* en torno a dichos significantes (Mebratu, 1998; Soini y Birkeland, 2014), si bien dificulta, asimismo, la consecución de compromisos inequívocos para alcanzar un presente y un futuro *realmente* sostenibles (Ben-Eli, 2018). Efectivamente, se alcanza un *consenso*, se está a favor de promover el desarrollo sostenible,

---

4. Si bien estos dos términos no son sinónimos, no entraremos en este análisis en este texto (Adams, 2009; Mensah, 2019).

pero «en la evaluación de los progresos llevada a cabo en 2024 se ha constatado que el mundo va gravemente desencaminado para alcanzar la Agenda 2030».[5]

Un camino desencaminado, porque los argumentos económicos, como decíamos anteriormente, priman sobre los demás. «La noción de 'desarrollo', incluso en su forma dulcificada de 'sostenible', contiene todavía este núcleo ciego tecnoeconómico, en virtud del cual todo progreso humano emana del crecimiento material» (Morin, 2008: 134-135). Para Serge Latouche el desarrollo sostenible es una de las últimas innovaciones conceptuales para que la lógica del crecimiento económico se disfrace y continúe. Un crecimiento que se basa en la producción y extracción de recursos ilimitadas, la producción ilimitada de necesidades y la producción ilimitada de residuos (Latouche, 2015). Con todo, hay que subrayar el trabajo que vienen realizando individuos, colectivos e instituciones en favor de un desarrollo sostenible, cuestionando el dominio del pilar económico y las bases de ese tipo de crecimiento económico (Garren y Brinkmann, 2018).

Otra cuestión que se discute de forma paralela a la indefinición de los pilares es si estos son adecuados y suficientes para abordar la complejidad de la sostenibilidad. Así, hay autores que sostienen que podría haber otros pilares, como el cultural-estético, el religioso-espiritual o el político-institucional (Littig y Griessler, 2005). Otros, a su vez, señalan el institucional, cultural o técnico (Purvis y Robinson, 2019). O, según Rosetti, Ilaria et al. (2022), habría que tener en cuenta también la gobernanza y la política, la espiritualidad, la religión, la cultura y la estética. Artur Pawlowski (2008), por su parte, hace referencia a las dimensiones económicas, ecológicas y social, y añade la moral, la política, la legal y la técnica. Michael Redclift (1991), a su vez, nos habla de las dimensiones económica, política y epistemológica. Todas estas propuestas no son más que una pequeña muestra de las que se pueden encontrar.

2. LA CULTURA EN EL DESARROLLO SOSTENIBLE: UN PILAR NECESARIO

El pilar cultural

Sin desmerecer, obviamente, la necesidad de incorporar otros pilares para dar cuenta de la complejidad del desarrollo sostenible, aquí defendemos que la cultura o la

---

5. <https://unstats.un.org/sdgs/files/report/2024/secretary-general-sdg-report-2024--ES. pdf> (consulta: 22/02/2025).

dimensión o el pilar cultural deberían tener su lugar en las propuestas lanzadas por las instituciones públicas y privadas para promover la sostenibilidad en los diferentes pueblos, sociedades, comunidades y grupos sociales que hay en la Tierra. Conviene señalar, en primer término, que la cultura o lo cultural rara vez se encuentra presente, incorporada o siquiera mencionada en los documentos presentados hasta ahora (Adger, 2013). Es el caso, por ejemplo, del informe *Nuestro futuro común*, que representó, recordemos, el punto de inflexión en el devenir de las proclamas y acciones en favor del desarrollo sostenible; si bien se sostiene que el ser humano debe explorar sus objetivos y sus valores si quiere cambiar el devenir del planeta y la humanidad.

La ausencia de la cultura en las declaraciones y los programas en favor de promover la sostenibilidad es denunciada desde que, como afirma Morin, emerge «una nueva consciencia ecológica» tras la publicación de *Nuestro futuro común*. Escasa sensibilidad ha habido en la incorporación de la cultura en las políticas de desarrollo (Martinell Sempere, 2020).

En 1988, un año después del Informe Brundtland, durante el Decenio Mundial para el Desarrollo Cultural, el entonces director general de la UNESCO, Federico Mayor Zaragoza, abogó por la incorporación de la cultura en todos los programas y agendas dirigidos al desarrollo:

> Un auténtico desarrollo supone un aprovechamiento óptimo de los recursos humanos y de las riquezas de cada comunidad; sus prioridades, sus motivaciones y sus finalidades deben emanar, en última instancia, de la cultura. Pero hasta ahora esto se ha podido constatar sobre todo por omisión. Se trata de que, en lo sucesivo, la cultura cuente con los medios para marcar directamente su impronta en la orientación del desarrollo y de que éste, como contrapartida, reconozca a la cultura una función primordial y un papel de regulación social constante (Mayor Zaragoza, 1988: 5).

En 1991, la Conferencia General de la UNESCO, en su 26.º reunión, solicitó a Mayor Zaragoza crear la Comisión Mundial de Cultura y Desarrollo, «integrada por mujeres y hombres de todas las regiones, destacados en diversas disciplinas, para preparar un informe mundial sobre cultura y desarrollo y propuestas para actividades inmediatas y a largo plazo, a fin de atender a las necesidades culturales en el contexto del desarrollo»[6]. Esa solicitud fue aprobada por la Asamblea General de Naciones Unidas, la misma institución, recordémoslo, que creó la Comisión Brundtland.

---

6.   <https://oibc.oei.es/uploads/attachments/125/nuestra_diversidad.pdf>, p. 7 (consulta: 29/12/2023).

Unos años más tarde, en 1995, la Comisión Mundial de Cultura y Desarrollo publicó el informe *Nuestra diversidad creativa*. En dicho informe se sostiene que

> El papel de la cultura no se reduce a ser un medio para alcanzar fines –pese a que, en el sentido restringido del concepto, ése es uno de sus papeles–, sino que constituye la base social de los fines mismos. El desarrollo y la economía forman parte de la cultura de los pueblos […] Cualquier intento destinado a comprender las cuestiones que plantean el desarrollo y la modernización debe centrarse tanto en los valores culturales como en las ciencias sociales. En un sentido más restringido del que acabamos de dar al término, la cultura –los valores, símbolos, rituales e instituciones de una sociedad– incide sobre las decisiones y los resultados económicos; las actividades económicas pueden debilitar o reforzar diversos aspectos de una cultura[7].

En este sentido, al menos en lo que corresponde a los valores, estos sí que estaban presentes, como hemos apuntado más arriba, en *Nuestra diversidad creativa*. Concretamente, se afirmaba que aquellos que integraron la Comisión Brundtland aportaron «diferentes opiniones y perspectivas, diferentes valores y creencias y muy diferentes experiencias y discernimientos». Asimismo, se declaraba que el informe aspiraba a promover cambios en sus valores sociales, actitudes, comportamientos y aspiraciones. No obstante, como decíamos, la cultura apenas tuvo presencia en ese informe ni en los siguientes que hemos expuesto en el apartado anterior.

A la publicación de *Nuestra diversidad creativa*, le siguió la Conferencia Intergubernamental sobre Políticas Culturales para el Desarrollo, celebrada en Estocolmo en 1998, y el resultante Plan de Acción sobre Políticas Culturales para el Desarrollo (UNESCO 1998). El Plan defendía que, para lograr «la realización social y cultural del individuo» (principio 2), la política cultural debería ser uno de los componentes principales de la «política de desarrollo endógeno y sostenible». Se recomendaba también que cualquier política de desarrollo debía ser profundamente sensible a la cultura y tener en cuenta los factores culturales (Duxbury, Kangas y De Beukelaer, 2017).

Sin embargo, en el año 2000, «asombrosamente, la cultura no fue incorporada a los Objetivos de Desarrollo del Milenio», porque no se reconocía «el papel de la cultura en el crecimiento económico, en la gestión de recursos, en la resolución de

---

7.   <https://oibc.oei.es/uploads/attachments/125/nuestra_diversidad.pdf>, p. 11 (consulta: 29/12/2023).

conflictos, en abordar las inequidades sociales o en la reafirmación de identidades».[8] Esa falta de presencia de la cultura condujo a que la UNESCO celebrara en el 2013 el congreso internacional «La cultura: clave para el desarrollo sostenible». Dicho congreso vino a ser el primero de dimensión internacional dedicado específicamente a la relación entre la cultura y el desarrollo sostenible desde la Conferencia de Estocolmo en 1998. El título de la declaración de aquel congreso no puede ser más explícito: «Situar la cultura en el centro de las políticas de desarrollo sostenible». En dicha declaración se sostiene que la cultura debe ser tomada como un principio fundamental en la agenda de Naciones Unidas para el desarrollo después de 2015.[9] Sin embargo, como viene dicho, en los del 2015 la cultura siguió estando prácticamente fuera (Rosetti et al., 2022).

Resulta llamativo que cuando se quiere abordar el futuro del planeta y de la humanidad no se tenga en cuenta la cultura, ese elemento constitutivo y central del ser humano, en palabras de Clifford Geertz (2003: 55-56). Tal vez, la diversidad de definiciones que hay de la cultura, como ya se sugiere en la cita anterior recogida de *Nuestra diversidad creativa*, dificulte su inclusión en los informes y programas mencionados en el apartado anterior; si bien, como ya lo hemos apuntado, problemas parecidos se dan al definir los diferentes pilares, incluso los conceptos de desarrollo sostenible y sostenibilidad.

Obviamente, en este breve texto no vamos a entrar a abordar las muchas y variadas definiciones que hay de la cultura. Sin embargo, sí plantearemos algunas consideraciones que permitan justificar la importancia de tener en cuenta la cultura a la hora de abordar la sostenibilidad. Dentro de la amalgama de definiciones que se pueden encontrar, comenzaremos por aquellas que se califican como «antropológicas». Aunque sus orígenes se pueden situar en los trabajos de Johann Gottfried Herder, este planteamiento antropológico arraigó con fuerza en las últimas décadas del siglo XIX. Hay que destacar la definición propuesta por Edward Burnett Tylor en 1871, la cual estará, en mayor o menor medida, en la base de todas aquellas que hemos calificado como «antropológicas». Para Tylor la cultura[10] es «aquel todo complejo que incluye el conocimiento, las creencias, el arte, la moral, el derecho,

---

8. UNESCO: *Cultura y desarrollo, 14: Agenda 2030, Plan de trabajo regional de cultura para América Latina y el Caribe LAC UNESCO 2016-2021*, 2016, en línea: <https://unesdoc.unesco.org/ark:/48223/pf0000244353> (consulta: 29/12/2023).

9. <https://www.lacult.unesco.org/docc/Hangzhou_Declaration_2013_5_17_ESP.pdf> (consulta: 02/01/2024).

10. Cultura o civilización, ya que Tylor equiparó ambos términos, no siendo comparables para otros muchos autores. Evidentemente, no podemos entrar en esos debates y discusiones en este texto.

las costumbres y cualesquiera otros hábitos y capacidades adquiridos por el hombre en cuanto miembro de la sociedad» (1975: 29).

Está propuesta trajo dos *novedades*. Por un lado, una redefinición del concepto de cultura, tal y como había emergido en la Ilustración. La cultura representaba la educación y el refinamiento alcanzados por los individuos, en particular por la élite, a través de determinades actividades intelectuales y estéticas. Y, por otro, daba cuenta del carácter constitutivo y central de la cultura para el ser humano, y que es crucial para su supervivencia (Eagleton, 2017).

Sin embargo, como plantea el propio Geertz, ese concepto, de «cuya fecundidad nadie niega», es, asimismo un «pantano conceptual», ya que «parece haber llegado al punto en el que oscurece más las cosas de lo que las revela» (2003: 20). Efectivamente, desde un punto de vista analítico, puede ser que al usar una definición de cultura tan amplia abarque todo lo que atañe a los seres humanos y grupos sociales y, consiguiente, no sea muy útil (Bell y Oakley, 2015; Eagleton, 2017). Más si cabe si se quiere emplear en programas, objetivos o metas como los planteados, por ejemplo, por Naciones Unidas o la UNESCO, mencionados a lo largo de este texto.

Geertz propuso una definición más restrictiva, que puede ajustarse mejor al tema que nos ocupa. Para él, la cultura es «el marco de las creencias, de los símbolos expresivos y de los valores en virtud de los cuales los individuos definen su mundo, expresan sus sentimientos e ideas y emiten sus juicios» (Geertz, 2003: 133). Esta definición ha sido criticada también. Aquí mencionaremos someramente tres críticas. En primer lugar, se puede considerar que es *excesivamente* simbólica ya que no tiene en cuenta los «contextos sociales estructurales» en los que se constituyen y reproducen las formas simbólicas y los valores (Thompson, 1993). En segundo lugar, su concreción en las prácticas y las conductas de los individuos no siempre es obvia, aquellas vienen condicionadas también por los contextos sociales (Hammersley, 2019; Swidler, 1986). Por último, el marco cultural no constituye un conjunto de valores y significados coherente (Turner, 1999). En todo caso, esta manera de entender la cultura, centrada en los valores y los significados, es relevante porque, al fin y al cabo, define, entre otras cosas, lo que es bueno y deseable en la vida y, así, lo que es importante para los individuos y grupos sociales (Robbins y Sommerschuh, 2012).

En la cuestión del futuro del planeta y de la humanidad, y de la sostenibilidad, los valores y los significados, a saber, la cultura es fundamental (Fischer et al., 2012). Un valor es, según Clyde Kluckhohn, una «concepción, explícita o implícita, distintiva de un individuo o característica de un grupo, de lo deseable que influye en la selección entre los modos, medios y fines de acción disponibles» (citado en Robbins y Sommerschuh, 2012). El término clave en esta definición es *deseable*, que indica que los valores no son simplemente deseos, sino deseos que se consideran justificados (Robbins y Sommerschuh, 2012) y, por tanto, principios rectores de la vida (Cieciuch, 2017; Maio et al., 2006). Así, si se quiere promover la sostenibilidad hay que actuar también en los valores y los significados, es decir, en el marco cultural. Sin olvidar, además, que el desarrollo sostenible encarna un conjunto de valores que, tal y como sostienen Joern Fischer et al. (2012), no hay que olvidar.

No obstante, aunque hayamos afirmado que la cultura no ha tenido mayor presencia en las declaraciones, los informes y las agendas que hemos citado, su relevancia ha estado ahí. Por ejemplo, transcurridos veinticinco años desde que lanzara su propuesta del *triple bottom line*, Elkington se mostraba muy escéptico respecto a la efectividad de su propuesta (Alhaddi, 2015). Las empresas, los negocios y las finanzas, sostiene, tratan de alcanzar sus objetivos económicos, a saber, beneficios. De las personas y el planeta apenas se preocupan. Estamos, afirma, ante un «problema cultural muy arraigado».[11] Por otro lado, el cambio en el desarrollo socioeconómico en aquellas sociedades que presentan un presente y un futuro insostenibles está asociado, a su vez, con cambios en sus valores (Fischer et al.: 2012). Las continuidades y los cambios en las actividades económicas y en las intervenciones sociales y medioambientales se sitúan en un marco cultural de referencia determinado (Adger et al.: 2013; Gómez Pellón, 2005; Stephenson, 2023). Por tanto, para tener alguna posibilidad de transición, necesitamos saber por qué y cómo determinadas culturas se siguen reproduciendo, profundizando en la insostenibilidad (Stephenson, 2023).

Por tanto, si la cultura es clave para promover la sostenibilidad, consideramos que, si se sigue la formulación de los pilares,[12] debería constituir un cuarto. Esa es la propuesta de Jon Hawkes en su influyente trabajo *The Fourth Pillar of Sustainability. Culture's Essential Role in Public Planning* de 2001, y que promovió el interés por este cuarto pilar y la sostenibilidad cultural (Duxbury y Gillette, 2007).

Hawkes afirma que la cultura recoge tres aspectos, que están presentes en las definiciones de Tylor y Geertz: *a*) valores y aspiraciones de un colectivo; *b*) procesos y medios a través de los cuales desarrollamos, recibimos y transmitimos esos valores y aspiraciones; y *c*) manifestaciones tangibles e intangibles de los valores y

---

11. John Elkington: «25 Years Ago I Coined the Phrase "Triple Bottom Line." Here's Why It's Time to Rethink It», *Harvard Business Review*, 25/06/2018, en línea: <https://hbr.org/2018/06/25-years-ago-i-coined-the-phrase-triple-bottom-line-heres-why-im-giving-up-on-it> (consulta: 30/04/2025). Todas las traducciones al castellano han sido realizadas por los autores del texto.

12. Además de la propuesta de los pilares, hay otros planteamientos acerca de la incorporación de la cultura en los planes y acciones relativos al desarrollo sostenible (Duxbury, Kangas y Beukelaer, 2017; Soini y Birkeland, 2014; Stylianou-Lambert, Boukas y Christodoulou-Yerali, 2014).

aspiraciones en el mundo real (Hawkes, 2001). Así, para él, la cultura está presente en todas las actividades humanas, si bien considera también que hay algunas que se han considerado más *culturales* que otras. Esas serían aquellas que vienen establecidas por otra definición de cultura que habitualmente se utiliza en el ámbito de las políticas culturales. Según esta definición, la cultura engloba aquellas actividades, prácticas u obras vinculadas a las actividades intelectuales y estéticas de los seres humanos (Williams, 2003). En cierta medida, recogería aquella primera definición de la cultura que arranca en la Ilustración, pero sustrayéndole de su característica elitista, una particularidad de la llamada «alta cultura».

Retomando en cierta manera la definición establecida en *Nuestro futuro común*, Hawkes afirma que la sostenibilidad encarna el deseo de que las generaciones futuras hereden, al menos, un mundo tan abundante como el que habitamos actualmente. Entonces, continúa, la cuestión es cómo llegar hasta ahí, lo cual es objeto de debate constante, un debate que gira en torno a valores, un debate, en definitiva, cultural. Si queremos llegar ahí, «El sistema de valores al que nos adherimos (o, debería decir, aspiramos) es, en sí mismo, sostenible» (Hawkes, 2001: 11). En este debate, sostiene Hawkes, hay que dar cabida a los diferentes valores y no solamente a aquellos que nos llegan a través de los medios que «Promueve de forma obstinada un consumo cada vez mayor. Sabemos que esto no es sostenible. Lo que la mayoría de nosotros siempre hemos sabido, y estudios recientes lo han confirmado, es que existen muchos valores que informan nuestra sociedad que contradicen a aquellos basados simplemente en la producción de bienes; que, en cambio, se centran en el bien» (Hawkes, 2001: 11). Esta preocupación o denuncia va en la línea de lo que sostienen Morin y Latouche.

Así, los pueblos, las sociedades, las comunidades y los grupos sociales necesitan también tener espacios en los que desarrollar esas actividades, prácticas u obras más culturales en los que expresar, debatir y confrontar su cultura, sus valores, sus significados encaminados a garantizar su sostenibilidad presente y futura: «El desarrollo ecológicamente sostenible, con sus tres dimensiones –económica, social y ambiental–, se ha convertido en el mantra de la planificación contemporánea. La cultura apenas figura en este nuevo lenguaje […] Sin una base que incluya expresamente la cultura, los nuevos marcos carecen de los medios para comprender, y mucho menos implementar, los cambios que promueven. La cultura debe ser un punto de referencia separado y diferenciado» (Hawkes, 2001: 11).

Sostenibilidad, nueva museología y museos

Entre esos espacios culturales se encuentran también los museos y centros patrimoniales. Espacios que se muestran sensibilizados en la actualidad con respecto a la sostenibilidad, tal y como lo muestra la última definición de museo aprobada por el ICOM en 2022:

> Un museo es una institución sin ánimo de lucro, permanente y al servicio de la sociedad, que investiga, colecciona, conserva, interpreta y exhibe el patrimonio material e inmaterial. Abiertos al público, accesibles e inclusivos, los museos fomentan la diversidad y la *sostenibilidad*. Con la participación de las comunidades, los museos operan y comunican ética y profesionalmente, ofreciendo experiencias variadas para la educación, el disfrute, la reflexión y el intercambio de conocimientos.[13]

No obstante, esta preocupación por la sostenibilidad en el ámbito del patrimonio cultural y los museos no es nueva. Efectivamente, en mayo de 1971, cuando la secretaría del ICOM estaba preparando su conferencia general en París y Grenoble, bajo el título «El museo al servicio del ser humando: hoy y mañana», el entonces director, Hugues De Varine, tuvo conocimiento de los preparativos de la Conferencia sobre el Medio Humano que la UNESCO llevaría a cabo un año más tarde en Estocolmo, y que hemos mencionada al comienzo de este texto. De ahí le vino a De Varine la idea de incorporar a aquella conferencia del ICOM la preocupación que había respecto el medio ambiente, e invitó al entonces ministro de Medio Ambiente de Francia a dicha conferencia. Asimismo, en los preparativos para la conferencia se forjó el término *ecomuseo* (De Varine, 2020: 44). Hay que subrayar que en aquella conferencia del ICOM se pusieron las bases de lo que vendría a ser la nueva museología, las cuales se refrendaron un año más tarde en la resolución de la Mesa Redonda de Santiago de Chile.

Una nueva museología que se ha venido centrado en el desarrollo local. Un desarrollo basado en las especificidades de cada comunidad y en las características del territorio (De Varine, 2020: 29-30), siendo el ecomuseo, según De Varine (2020: 256), un instrumento cultural al servicio del territorio y un actor en su desarrollo en las tres siguientes dimensiones: la ecológica, la ecosocial y la económica. No cabe duda de que estas dimensiones recuerdan a los tres pilares.

---

13.   <https://icom.museum/es/recursos/normas-y-directrices/definicion-del-museo/>. La cursiva es nuestra.

De modo que tenemos unos museólogos y un tipo de museología que ha venido mostrando interés por la sostenibilidad desde casi el mismo momento en el que Naciones Unidas y la UNESCO comenzaron a abordar dicha cuestión. Aunque la nueva museología ha sido cuestionada por desplazar a un lado las funciones básicas de los museos, centradas en las colecciones (Brown y Mairesse, 2018), parece que sus planteamientos, al menos en el plano discusivo, han sido aceptados por el conjunto de los museos, tal y como lo muestra la definición aprobada por el ICOM en 2022.

ACERCA DE ESTA PUBLICACIÓN

Además de esta introducción, esta publicación cuenta con seis artículos. El primero, escrito por Alfons Martinell Sempere, presenta varias reflexiones acerca de la relación entre la cultura y el desarrollo sostenible, subrayando una cuestión que hemos abordado más arriba; a saber, la falta de una dimensión cultural específica en los ODS. Esta carencia conduce a que el conjunto del sector cultural se encuentre algo descolocado acerca de lo que puede aportar en aras de promover una humanidad y un planeta sostenibles. No obstante, Martinell Sempere se muestra optimista acerca de lo que pueden aportar el sector cultural, en general, y los museos y el ámbito del patrimonio, en particular. Su texto concluye con un conjunto de propuestas orientadas al ámbito del patrimonio cultural, con el fin de estimular una mayor implicación en la sostenibilidad.

A continuación, tenemos el texto de Nancy Duxbury, quien profundiza en la cuestión de la sostenibilidad cultural, el cuarto pilar. Un tipo de sostenibilidad que también es tratado por Martinell Sempere. Su trabajo reflexiona, por un lado, acerca de las propuestas realizadas acerca de este tipo de sostenibilidad que se suele fundamentar en categorías como la «vitalidad cultural», el «bienestar cultural» y la «participación» de la comunidad. Por otro, Duxbury sostiene que, si se quiere impulsar la sostenibilidad de manera integral en un territorio, es necesario tener en cuenta la cultura y, también, los museos y centros patrimoniales, porque estos son espacios en los que, entre otras cuestiones, se establece el sentido de pertenencia, en los que se aprende del pasado y se reflexiona sobre el presente y el futuro.

El siguiente texto, de Xavier Roigé, profundiza en un tema que es tratado por Duxbury, tal y como acabamos de mencionar. Concretamente aborda la cuestión de la sostenibilidad y los museos, centrándose en la situación dicotómica en la que se encuentran. Roigé afirma que los museos se sitúan entre dos placas tectónicas antagónicas: por un lado, la neoliberal y, por otro, la social. Así, el autor analiza críticamente las contradicciones de esta polaridad y propone diferentes acciones que podrían llevar a cabo los museos, lo que les permitiría presentarse como instituciones creíbles en la promoción de la sostenibilidad.

A continuación, siguiendo en el ámbito de los museos, Aude Porcedda aborda el papel que estas instituciones culturales pueden jugar a la hora de promover el desarrollo sostenible en un territorio, prestando una atención especial a Quebec en su texto. Porcedda sostiene que un número cada vez mayor de museos participa activamente en la promoción del desarrollo sostenible, asumiendo un papel fundamental en la sensibilización, la educación y la movilización del público en torno a los principales desafíos contemporáneos. A partir del concepto de habitabilidad, defiende que el museo es un espacio cultural en el que se pueden analizar y abordar las complejas y cruciales interacciones entre los sistemas naturales y humanos.

Cristina González Gabarda, por su parte, aborda el papel que puede jugar la gobernanza participativa a la hora de adoptar prácticas sostenibles en los museos. González Gabarda sostiene que la gobernanza participativa ha emergido como un enfoque fundamental e innovador en la gestión de las instituciones culturales en el contexto del impulso al desarrollo sostenible. Que la aplicación de este tipo de gobernanza posibilita instituciones más democráticas al promover la inclusión de múltiples actores como las comunidades locales, los artistas, los gestores culturales, los Gobiernos y el sector privado en la toma de decisiones. Decisiones encaminadas a hacer un mundo más sostenible.

La publicación se cierra con el texto de Blanca del Espino Hidalgo, en el que aborda la relación entre la sostenibilidad y el patrimonio cultural. A partir de la presentación de cuatro proyectos patrimoniales desarrollados en Andalucía, Del Espino Hidalgo sostiene que el patrimonio cultural puede contribuir a la sostenibilidad y el equilibrio de ciudades y territorios. Asimismo, los proyectos presentados en el texto proporcionan ejemplos de cómo generar metodologías de trabajo e investigación sobre conjuntos patrimoniales de distintas escalas, teniendo la sostenibilidad social y cultural como marco de actuación.

BIBLIOGRAFÍA

ADAMS, Eleanor (2009): *Towards Sustainability Indicators for Museums in Australia*, Adelaide, University of Adelaide.

ADGER, W. Neil et al. (2013): «Cultural dimensions of climate change impacts and adaptation», *Nature climate change 3*(2), pp. 112-117

ALHADDI, Hanan (2015): «Triple Bottom Line and Sustainability: A Literature Review», *Business and Management Studies 1*(2), pp. 6-10.

BARDI, Ugo (2011): *The Limits to Growth Revisited*, Nueva York, Springer.

BELL, David y Kate OAKLEY (2015): *Cultural Policy*, Londres, Routledge.

BEN-ELI, Michael U. (2018): «Sustainability: definition and five core principles, a systems perspective», *Sustainability Science* 13, pp. 1337-1343.

BROWN, Karen y François MAIRESSE (2018): «The definition of the museum through its social role», *Curator 61*(4), pp. 525-539.

CIECIUCH, Jan (2017): «Exploring the Complicated Relationship Between Values and Behaviour», en Sonia Roccas y Lilach Sagiv (eds.): *Values and Behavior Taking a Cross Cultural Perspective*, Nueva York, Springer, pp. 237-247.

DE VARINE, Hugues (2020): *El ecomuseo singular y plural*, Santiago de Chile, ICOM-Chile.

DUXBURY, Nancy y Eileen GILLETTE (2007): *Culture as a Key Dimension of Sustainability: Exploring Concepts, Themes, and Models*, Vancouver, Creative City Network of Canada.

DUXBURY, Nancy; Anita KANGAS y Christiaan DE BEUKELAER (2017): «Cultural policies for sustainable development: four strategic paths», *International Journal of Cultural Policy 23*(2), pp. 214-230.

EAGLETON, Terry (2017): *Cultura*, Barcelona, Taurus.

ELKINGTON, John (1997): *Cannibals with Forks*, Oxford, Capstone.

FISCHER, Joern et al. (2012): «Human behavior and sustainability», *Frontiers in Ecology and the Environment 10*(3), pp. 153-160.

GARREN, Sandra J. y Robert BRINKMANN (2018): «Sustainability definitions, historical context, and frameworks», en *The Palgrave Handbook of Sustainability: Case Studies and Practical Solutions*, Londres, Palgrave, pp. 1-18.

GARTHE, Christopher J. (2023): *The Sustainable Museum*, Nueva York, Routledge.

GEERTZ, Clifford (2003): *La interpretación de las culturas*, Barcelona, Gedisa.

GÓMEZ PELLÓN, Eloy (2005): «Desarrollo sostenible, patrimonio cultural y turismo: concepciones teóricas y modelos de aplicación», en *El encuentro del turismo con el patrimonio cultural: concepciones teóricas y modelos de aplicación*, Sevilla, Fundación el Montey & ASANA, pp. 71-93.

HAJIRASOULI, Aso y Anoma KUMARASURIYAR (2016): «The Social Dimention of Sustainability: Towards Some Definitions and Analysis», *Journal of Social Science for Policy Implications 4*(2), pp. 23-34.

HAMMERSLEY, Martyn (2019): *The Concept of Culture. A History and Reappraisal*, Londres, Palgrave Macmillan

HAWKES, Jon (2001): *The Fourth Pillar of Sustainability. Culture's Essential Role in Public Planning*, Melbourne, Cultural Development Network.

LATOUCHE, Serge (2015): «Une société de décroissance est-elle souhaitable?», *Revue juridique de l'environnement 40*(2), pp. 208-210.

LITTIG, Beat y Erich GRIESSLER (2005): «Social sustainability: a catchword between political pragmatism and social theory», *International journal of sustainable development 8*(1-2), pp. 65-79.

MAIO, Gregory R. et al. (2006): «Ideologies, values, attitudes, and behavior», en John Delamater (ed.): *Handbook of social psychology*, Nueva York, Springer, pp. 283-308.

MARTINELL SEMPERE, Alfons (2020): «Cultura y desarrollo sostenible; un estado de la cuestión», *Periférica internacional 21*, pp. 128-135.

MAYOR ZARAGOZA, Federico (1998): «El Decenio Mundial para el Desarrollo Cultural», *El Correo*, pp. 5-6.

MENSAH, Justice (2019): «Sustainable development: Meaning, history, principles, pillars, and implications for human action: Literature review», *Cogent Social Sciences 5*(1), pp. 1653531.

MEADOWS, Donella H. et al. (1972): *Los límites del crecimiento*, México, D. F., Fondo de Cultura Económica.

MEBRATU, Desta (1998): «Sustainability and sustainable development: historical and conceptual review», *Environmental impact assessment review 18*(6), pp. 493-520.

MOLDAN, Bedřich; Svatava JANOUŠKOVÁ y Tomáš HÁK (2012): «How to understand and measure environmental sustainability: Indicators and targets», *Ecological indicators 17*, pp. 4-13.

MORIN, Edgar (1993): *El método II: la vida de la Vida*, Madrid, Cátedra.

MORIN, Edgar (2008): *El año I de la era ecológica*, Barcelona, Paidós.

NURSE, Keith (2006): «Culture as the Fourth Pillar of Sustainable Development», *Small states: economic review and basic statistics 11*, pp. 28-40.

PAWŁOWSKI, Artur (2008): «How many dimensions does sustainable development have?», *Sustainable development 16*(2), pp. 81-90.

PURVIS, Ben; MAO Yong y Darren ROBINSON (2019): «Three pillars of sustainability: in search of conceptual origins», *Sustainability Science 14*, pp. 681-695.

REDCLIFT, Michael (1991): «The multiple dimensions of sustainable development», *Geography 76*(1), pp. 36-42.

REDCLIFT, Michael (1992) «Sustainable development and global environmental change: implications of a changing agenda», *Global Environmental Change 2*(1), pp. 32-42.

Robbins, Joel y Julian Sommerschuh (2016): «Values», en línea, *The Open Encyclopedia of Anthropology*, en línea: <http://doi.org/10.29164/16values>.

Rosetti, Ilaria et al. (2022): «Heritage and sustainability: Regulating participation», *Sustainability 14*(3), pp. 1674.

Soini, Katriina e Inger Birkeland (2014): «Exploring the scientific discourse on cultural sustainability», *Geoforum 51*, pp. 213-223.

Springett, Delyse y Michael Redclift (2015): «Sustainable Development: History and evolution of the concept», en Michael Redclift y Delyse Springett (eds.): *Routledge International Handbook of Sustainable Development*, Nueva York, Routledge, pp. 3-38.

Stephenson, Janet (2023): *Culture and Sustainability: Exploring Stability and Transformation with the Cultures Framework*, Londres, Palgrave Macmillan.

Stylianou-Lambert, Theopisti; Nikolaos Boukas y Marina Christodoulou-Yerali (2014): «Museums and cultural sustainability: stakeholders, forces, and cultural policies», *International Journal of Cultural Policy 20*(5), pp. 566-587.

Swidler, Ann (1986): «Culture in Action: Symbols and Strategies», *American Sociological Review 51*(2), pp. 273-286.

Thompson, John B. (1993): *Ideología y cultura moderna*, México, d. f., Universidad Autónoma Metropolitana.

Tylor, Edward B. (1975): «La ciencia de la cultura», en J. S. Kahn (comp.): *El concepto de cultura: textos fundamentales*, Barcelona, Anagrama, pp. 29-46.

Turner, Victor (1999): *La selva de los símbolos*, Madrid, Siglo XX.

Williams, Raymond (2003): *Palabras clave: un vocabulario de la cultura y la sociedad*, Buenos Aires, Nueva Visión.

PATRIMONIO, CULTURA Y SOSTENIBILIDAD

Alfons Martinell Sempere
Càtedra UNESCO Pau Casals

En este artículo se presentan diferentes reflexiones generales sobre las complejas relaciones entre cultura y desarrollo sostenible en las últimas décadas. Relaciona la ausencia de un Objetivo de Desarrollo Sostenible (ODS) sobre la cultura con la voluntad del sector de aportar la dimensión cultural en la Agenda 2030. Se concretan las acciones desde el ámbito del patrimonio cultural, museos o servicios patrimoniales y su implicación en la agenda de la sostenibilidad. Propone una visión crítica de la sostenibilidad desde los referentes culturales o, si se puede definir, una sostenibilidad cultural diferenciada. Se hace hincapié en los esfuerzos de los diferentes agentes culturales para incorporarse a la búsqueda de soluciones a la emergencia climática y los grandes problemas de las sociedades actuales. Defiende un papel activo del sistema cultural en la construcción de futuros para las generaciones posteriores.

This article presents various general reflections on the complex relationships between culture and sustainable development in recent decades. It links the absence of a Sustainable Development Goal (SDG) related to culture with the sector's desire to contribute a cultural dimension to the 2030 Agenda. It specifies the actions taken from the fields of cultural heritage, museums, and heritage services and their involvement in the sustainability agenda. It proposes a critical view of sustainability from cultural perspectives, or, if it can be defined, a differentiated cultural sustainability. It emphasizes the efforts of various cultural stakeholders to join the search for solutions to the climate emergency and the major problems facing today's societies. It advocates an active role for the cultural system in building futures for next generations.

INTRODUCCIÓN

Las grandes transformaciones sociales y las nuevas preocupaciones de la humanidad han situado en un primer plano un conjunto de problemas y dificultades de la humanidad que desde hace décadas ya se habían planteado en los foros científicos y técnicos en el ámbito de la cooperación internacional.

En 1971, el Programa sobre el Hombre y la Biosfera (MAB) de la UNESCO sugirió establecer una base científica para mejorar la relación entre las personas y su entorno, a partir de una cooperación entre ciencias naturales y sociales para identificar los grandes problemas de la subsistencia humana y salvaguardar los ecosistemas naturales de nuestro planeta. En este sentido, estimuló un cambio de mentalidad a la búsqueda de enfoques innovadores en el desarrollo económico, social y cultural, en un marco de sostenibilidad y equilibrio medioambiental.

Consecutivamente, la propia organización respondió desde el importante sector del patrimonio con la Convención sobre la Protección del Patrimonio Mundial, Cultural y Natural, «constatando que el patrimonio cultural y el patrimonio natural están cada vez más amenazados de destrucción, no solo por las causas tradicionales de deterioro, sino también por la evolución de la vida social y económica que las agrava con fenómenos de alteración o de destrucción aún más temibles».[1]

Los primeros artículos de esta convención nos presentan una excelente y adelantada definición sobre patrimonio cultural y patrimonio natural de obligada referencia en el contexto actual,[2] cuando ciertas posiciones en el ámbito del desarrollo, la sostenibilidad y las respuestas a la emergencia climática no han considerado la importancia de la cultura en sus planteamientos.

Tomando como referencia estas dos convenciones, de hace más de cinco décadas, podemos apreciar el largo trayecto de las investigaciones y contribuciones de la cultura y las artes para aportar una base científica a la importancia del sistema cultural en el desarrollo sostenible y en las respuestas a los grandes problemas de nuestras sociedades contemporáneas.

Nuestra posición en este artículo se manifiesta en la necesidad de considerar la cultura, y en esta línea el patrimonio, en los planteamientos actuales sobre la sostenibilidad. Denunciando las incomprensibles ausencias de objetivos concretos

---

1. <https://whc.unesco.org/archive/convention-es.pdf> (consulta: 16/12/2024).
2. UNESCO, en línea: <https://whc.unesco.org/en/sustainabledevelopment/> (consulta: 06/04/2025).

en las agendas internacionales y más concretamente en la Agenda 2030,[3] que más adelante analizaremos. Desde nuestra perspectiva, y sobre la base de la disposición de conocimiento científico y práctico disponible, los conocidos Objetivos de Desarrollo Sostenible y sus metas requieren de la dimensión cultural directa y transversal (Martinell, 2021).

Desde estos precedentes proponemos analizar la posible función del patrimonio y los museos en el contexto de un compromiso local y global por la sostenibilidad que nuestra humanidad y planeta reclaman en respuesta a las grandes amenazas, incertidumbres y peligros para las futuras generaciones.

ANTECEDENTES

El concepto de sostenibilidad se presenta en la agenda internacional a partir del documento *Nuestro Futuro en Común*,[4] conocido como el Informe Brundtland. Entre otras cosas, plantea «un ideal común» para la humanidad y reclama un cambio de mentalidad en la explotación de los recursos naturales y el estudio de sus efectos. Bajo el principio de «satisfacer las necesidades de las generaciones presentes sin comprometer las posibilidades de las del futuro para atender a sus propias necesidades», ha orientado las reflexiones sobre el concepto de sostenibilidad en nuestras sociedades y la búsqueda de soluciones a los grandes problemas globales como la emergencia climática, las crisis sanitarias, el crecimiento económico, la explotación descontrolada de los recursos naturales y la adaptación a las grandes concentraciones humanas en zonas urbanas.

Posteriormente, el sector de la cultura liderado por la UNESCO propuso el Decenio Mundial para el Desarrollo Cultural (1988-1997) con su informe final *Nuestra Diversidad Creativa* (UNESCO, 1997), que aporta una de las primeras aproximaciones a las relaciones entre la cultura y la diversidad biológica, cultural y expresiva, y a una posición de la cultura con el planeta y el medioambiente. En este sentido, insisten en consolidar la dimensión cultural al desarrollo sostenible, y que a la diversidad biológica y natural se ha de adicionar y considerar la diversidad cultural como patrimonio de la humanidad. Este proceso conducirá a un conjunto de diferentes

---

3. ONU (2015): *Transformar nuestro mundo: La Agenda 2030 para el Desarrollo Sostenible*, <https://unctad.org/system/files/official-document/ares70d1_es.pdf> (consulta: 06/04/2025).

4. *Informe de la Comisión Mundial sobre el Medio Ambiente y el Desarrollo*, <https://digitallibrary .un.org/record/139811?ln=es&v=pdf> (consulta: 06/04/2025).

convenciones, declaraciones y conferencias internacionales que sugieren una mayor implicación de la cultura en el desarrollo sostenible y, en consecuencia, que afectan al ámbito del patrimonio.

En este proceso, la Cumbre de la Tierra,[5] en Río de Janeiro (1992), recomienda actuar en el marco de la sostenibilidad para asumir los efectos del cambio climático y las consecuencias de los modelos de desarrollo, a partir de una presión social y mediática de una sociedad civil mundial cada vez más sensibilizada en este tema. Dentro de las diferentes convenciones y declaraciones destaca la Agenda 21 como un programa amplio en diferentes dimensiones. Incluye una mención importante a la cultura en el capítulo que trata de las poblaciones indígenas y sus comunidades, en la visión tradicional de ciertos organismos internacionales. Pero lo más significativo será la posterior ramificación en la Agenda 21 para la Cultura,[6] aprobada en 2004, que impulsó el mundo local con el apoyo internacional de gobiernos locales y ciudades unidas (CGLU) con una de las aportaciones más significativas de las últimas décadas.

De esta forma, la interacción sistémica entre el medioambiente y la cultura, en clave de sostenibilidad, ya se viene planteando desde finales del pasado siglo, tal y como se recoge en *Nuestra Diversidad Creativa*:

> Las culturas no pueden sobrevivir si se destruye o empobrece el entorno del que dependen. Hasta ahora, la relación de la humanidad con el medio natural se ha considerado principalmente en términos biofísicos; sin embargo, en la actualidad se reconoce cada vez más que las sociedades mismas han creado procedimientos complejos para proteger y administrar sus recursos. Estos procedimientos están arraigados en valores culturales que se deben tener presentes si se desea lograr un desarrollo humano sostenible y equitativo (UNESCO, 1997: 13).

En esta línea de relacionar la cultura con la sostenibilidad, la reflexión profundiza en el concepto de diversidad cultural con la Declaración Universal sobre la Diversidad Cultural del 2001 y, posteriormente, con la Convención sobre la Protección y Promoción de la Diversidad de las Expresiones Culturales de 2005.[7]

> La cultura adquiere formas diversas a través del tiempo y del espacio. Esta diversidad se manifiesta en la originalidad y la pluralidad de las identidades

---

5.   ONU: Conferencia de la Organización de las Naciones Unidas sobre Medio Ambiente y Desarrollo, Río de Janeiro, Brasil, 1992, en línea: <https://www.un.org/es/conferences/environment/rio1992> (consulta: 06/04/2025).

6.   <https://agenda21culture.net/es/inicio> (consulta: 06/04/2025).

7.   UNESCO (2005).

que caracterizan los grupos y las sociedades que componen la humanidad. Fuente de intercambios, de innovación y de creatividad, la diversidad cultural es, para el género humano, tan necesaria como la diversidad biológica para los organismos vivos. En este sentido, constituye el patrimonio común de la humanidad y debe ser reconocida y consolidada en beneficio de las generaciones presentes y futuras (Declaración Universal sobre la Diversidad Cultural, artículo 1).[8]

Entre estas tendencias, el sector cultural ha navegado sin mucha implicación en estos debates y encuentros internacionales. El aumento de una consciencia planetaria y el incremento de la multilateralidad en los organismos culturales fueron incorporando la cultura, y más concretamente el patrimonio cultural y los museos, en la senda del desarrollo sostenible.[9]

De la misma manera que en la Cumbre del Milenio y sus Objetivos de Desarrollo del Milenio (ODM) (2000), la Agenda 2030, vigente con sus Objetivos de Desarrollo Sostenible (2015), no incorporó un objetivo cultural, como se denunció en diferentes trabajos (Martinell et al., 2020), que desvelaron una mayor preocupación a los agentes culturales por la falta de consideración de los aportes de la dimensión cultural al desarrollo sostenible refrendados por múltiples evidencias que en diferentes realidades territoriales reconocieran los aportes de la cultura al desarrollo.

La Agenda 2030 recoge un solo punto en su declaración con una referencia explícita a las culturas y la diversidad cultural:

> Nos comprometemos a fomentar el entendimiento entre distintas culturas, la tolerancia, el respeto mutuo y los valores éticos de la ciudadanía mundial y la responsabilidad compartida. Reconocemos la diversidad natural y cultural del mundo, y también que todas las culturas y civilizaciones puedan contribuir al desarrollo sostenible y desempeñen un papel crucial en su facilitación.[10]

En los Objetivos de Desarrollo Sostenible y sus metas, podemos seleccionar las pocas que tienen alguna relación con la cultura:

- La meta 2.5 aborda la necesidad de promover el acceso a los beneficios que se deriven de la utilización de los recursos genéticos y los *conocimientos tradicionales* y su distribución equitativa, para alcanzar el objetivo de poner fin al hambre y lograr la seguridad alimentaria.

---

8. <https://www.unesco.org/es/legal-affairs/unesco-universal-declaration-cultural-diversity> (consulta: 29/11/2025).
9. Como se puede observar la acción prioritaria de UNESCO en este campo.
10. <https://unctad.org/system/files/official-document/ares70d1_es.pdf> (consulta: 06/04/2025).

- La meta 4.7 destaca la necesidad de que la *educación promueva una cultura de paz y no violencia, y la valoración de la diversidad cultural y de la contribución de la cultura al desarrollo sostenible.*
- La meta 8.3 sugiere que las políticas orientadas al desarrollo deberían apoyar *la creatividad y la innovación,* junto a las actividades productivas, la creación de empleo decente y el emprendimiento.
- Las metas 8.9 y 12.b se refieren a la necesidad de elaborar y poner en práctica políticas que promuevan un *turismo sostenible, mediante la promoción, entre otros, de la cultura* y los productos locales, y a la necesidad de elaborar y aplicar instrumentos que permitan seguir de cerca los efectos de estas políticas.
- La meta 11.4 subraya la necesidad de redoblar los esfuerzos para *proteger y salvaguardar el patrimonio cultural y natural del mundo,* en el marco del Objetivo 11, relativo a lograr que las ciudades y los asentamientos humanos sean inclusivos, seguros, resilientes y sostenibles.

No obstante, la Agenda 2030, a pesar de no incluir la cultura en sus 17 Objetivos de Desarrollo Sostenible, indujo una reacción del sector cultural, en todos los niveles y especialidades, a situarse en esta hoja de ruta tan importante para enfrentarse a los grandes retos de la sociedad global. En este sentido, se han producido reflexiones y aportaciones para evidenciar que la dimensión cultural es imprescindible para alcanzar los fines de la Agenda 2030. Desde los diferentes ámbitos de la cultura (patrimonio, artes escénicas, música, edición, cine, bibliotecas, audiovisual, etcétera) se manifiesta una preocupación para aportar resultados y contribuciones a los ODS y sus metas. Y, lo más importante, una búsqueda de soluciones para analizar los impactos de su acción en la sostenibilidad. Todo ello se recoge en diferentes guías y manuales aplicados de la práctica de la gestión cultural.

> Su logro báscula sobre tres pilares complementarios y dependientes entre sí: la sostenibilidad económica, ambiental y social, fijando como horizonte el equilibrio entre el crecimiento económico, el respeto al medioambiente y la equidad social. La necesaria conjunción entre sostenibilidad y cultura justifica de manera particular la implementación de una gestión sostenible del patrimonio cultural que no solo devendrá en su mejor perdurabilidad, tanto en su vertiente inmaterial como en la tangible, sino que además lo convertirá en un recurso económico respetuoso con el medioambiente que contribuya a la cohesión social (Ministerio de Cultura, 2024).

Estas reflexiones y aportaciones desde los diferentes referentes de la cultura al compromiso global por la sostenibilidad desde las políticas culturales institucionales han generado acciones desde diferentes frentes sectoriales, donde destaca una aproximación de acuerdo con los trabajos de la Red Española para el Desarrollo Sostenible (REDS).[11]

HACIA UNA DEFINICIÓN DE SOSTENIBILIDAD CULTURAL

La idea de la sostenibilidad se construye como una respuesta preventiva ante la perspectiva de colapso, global o parcial, y la percepción de que existe un límite natural si se continúa con el productivismo industrial (Fernández Buey, 2011). Se presenta como resultado de la observación y estudio de los desequilibrios medioambientales que afectan a todo el planeta a partir de la investigación de las ciencias y de las realidades afectadas por impactos en su entorno.

Bajo el principio inicial del Informe Brundtland, que ya hemos citado, se va ampliando el campo de percepción desde la preocupación por el medioambiente y la ecología a otros ámbitos de la acción humana y los ODS han influido en buscar una respuesta o posición en el sector cultural.

En primer lugar, lo que denominamos cultura en las sociedades contemporáneas se puede considerar como un sistema abierto con múltiples elementos que interactúan entre ellos permanentemente. El sistema (o ecosistema) cultural mantiene relaciones con los otros sistemas sociales de su contexto, por lo cual la sostenibilidad reclama un cambio de mentalidad y perspectiva para evolucionar hacia una visión sistémica de la cultura.

La sostenibilidad desde la cultura requiere un conjunto de equilibrios internos en los sistemas culturales actuales. En primer lugar, entre el conocimiento y respeto de los legados (historia, tradición, patrimonio, etcétera) heredados que forman parte de nuestros valores, formas de vida e identidades con la vida cultural contemporánea. Cada generación procesa, adapta y transforma la cultura de su contexto como un factor fundamental para incidir y participar en su comunidad o sociedad.

En segundo lugar, la sostenibilidad nos obliga a considerar las necesidades culturales de las sociedades de futuro. Una previsión y mirada prospectiva en los

---

11. REDS es la antena de la Red de Soluciones para el Desarrollo Sostenible (SDSN, por sus siglas en inglés) en España, desde 2015. Su misión es apoyar la difusión e implementación de la Agenda 2030 y los Objetivos de Desarrollo Sostenible. Uno de los ejes de trabajo de REDS es promover la dimensión cultural de la Agenda 2030 y movilizar al sector cultural, ofreciendo herramientas y espacios donde conectar cultura y desarrollo sostenible. Más información en: www.reds-sdsn.es y www.culturasostenible.org.

posibles escenarios culturales para las nuevas sociedades para evitar la carga de *deudas* dentro de lo que se denomina justicia o ética entre generaciones. Estos equilibrios que exige la sostenibilidad en la cultura amplían la perspectiva tradicional de mirar excesivamente al pasado y obliga al patrimonio cultural a una actitud proactiva en la construcción de futuros culturales.

El sistema cultural soporta una permanente tensión entre fuerzas de mantenimiento y conservación, con energías de cambio y transformación que pueden apreciarse como lógicas opuestas, pero realmente son fuerzas complementarias.

La adaptación a la sostenibilidad cultural se puede apreciar por las respuestas a cambios, crisis, catástrofes, guerras y nuevos retos a los que las personas, grupos y población reaccionan a su entorno, como se observó en la pandemia.

La complejidad de la sostenibilidad en los sistemas culturales reclama un gran proceso de ubicación y adaptación a cada contexto, para buscar los modos más adecuados a su entorno. No hay fórmulas generales, cada realidad ha de seleccionar sus opciones de acuerdo con el principio de contextualización de su complejidad.

La sostenibilidad se sustenta en el sistema de derechos humanos y culturales, que reconoce la libertad de participar en la vida cultural, buscando una armonía entre lo individual y lo colectivo (Vaquer Caballería, 2020).

La consideración sistémica de la cultura en las sociedades complejas, que se relaciona e interactúa con los otros sistemas sociales, no es habitual en las políticas públicas y culturales actuales. Aún persiste un tratamiento de la cultura muy departamental y limitado por las concepciones antiguas. La integración de la sostenibilidad obliga a una lectura diferente.

El sector y las políticas culturales utilizaban una noción de sostenibilidad limitada en sus planteamientos en tres sentidos:

- Por una parte, si la oferta de actividades y productos culturales puede seguir manteniendo un público mínimo aceptable. Sostenibilidad adquiere sentidos diferentes en la actividad privada y de mercado, en la que la ausencia de participantes y públicos podía suponer el cierre de la actividad o servicio.
- En los servicios de la institucionalidad cultural pública, en los cuales no existía la amenaza de cierre, podía entenderse como una interpretación limitada de la existencia de público y su rentabilidad social.
- Pero el uso dominante del concepto de sostenibilidad estaba unido a una percepción económica, es decir, la capacidad de mantener la actividad en el tiempo por su nivel de rentabilidad si la actividad es privada, y por la capacidad de los Gobiernos y otros mecenas de mantener el servicio en el futuro.

En la observación de esta aproximación al concepto de sostenibilidad cultural o sostenibilidad desde los referentes culturales, constatamos la falta de una reflexión e investigación profunda sobre el tema. Las respuestas de los actores sociales y las instituciones a los planteamientos propuestos por la sociedad, y más concretamente el impacto de la Agenda 2030, nos han permitido disponer de nuevas perspectivas conceptuales, así como las reacciones de los actores e instituciones culturales para adaptarse a este marco de referencia global, que auspician buenas perspectivas de futuro.

A continuación, presentamos unas propuestas de reflexión sobre el traslado al ámbito del patrimonio cultural y los museos.

LA SOSTENIBILIDAD Y EL PATRIMONIO CULTURAL

En este largo proceso sobre la consideración de la dimensión cultural al desarrollo sostenible y más concretamente en la implementación de la Agenda 2030 y sus ODS, el sector del patrimonio cultural, específicamente los museos o sitios patrimoniales, han reaccionado ante un contexto global complejo; con la emergencia climática, la pandemia, las desigualdades y los conflictos, han percibido una mayor sensibilidad y preocupación de la población por los efectos de la acción humana en el planeta.

Se observa una voluntad de participar activamente ante los retos planteados y situarse en la senda de esta agenda global. Las instituciones del patrimonio cultural, y más concretamente los museos, han respondido a esta realidad en la búsqueda de formas de situarse en la sostenibilidad, indagando maneras para asumir responsabilidades en este gran fin, en el que apuesta la comunidad internacional. Algunos museos con contenidos y proyectos más cercanos a la ciencia, naturaleza, planeta, etcétera, ya estaban posicionados en esta orientación. Pero la mayoría de las instituciones patrimoniales solamente se habían planteado la sostenibilidad desde la perspectiva económica o, como ya hemos citado, con el estudio de la capacidad para subsistir o mantener su actividad en el tiempo.

Este proceso ha alcanzado una dinámica internacional relevante con estudios (AA. VV., 2024), donde destaca la presentación del análisis de más de 150 museos de los diferentes continentes e identifican treinta y tres medidas que los museos han incorporado en este proceso de adaptación a la sostenibilidad a modo de ejemplo de estas dinámicas.

Estas propuestas de los museos para la sostenibilidad los sitúan como unos actores significativos desde un punto de vista tangible y simbólico ante la Agenda

2030. El ICOM, en su nueva definición de museo (2023),[12] incluye «los museos fomentan la diversidad y la sostenibilidad», lo que refleja e incorpora la necesidad de acomodo a nuevos contextos y estimula su evolución desde posiciones tradicionales.

Las dinámicas de adaptación a estos nuevos contextos y finalidades producen cuestionamientos sobre el clásico rol social de los museos en la actualidad. Lo cual, como se observa en diferentes bancos de buenas prácticas especializadas,[13] suscita procesos internos de reflexión y revisión de los objetivos y funcionamientos, explorando las posibilidades de una cierta alineación del museo con principios de sostenibilidad cultural y medioambiental.

En un primer nivel, los responsables de los museos o equipamiento patrimoniales estudian su espacio físico, inmueble y contenedor de acuerdo con la edificación heredada para su posible transformación a las necesidades actuales bajo nuevos principios. En el caso de nuevos proyectos, los encargos de arquitectura incluyen requisitos para que cumplan las condiciones como un espacio público sostenible en todas sus dimensiones. La observación de la sostenibilidad requiere estrategias de estudio y análisis del funcionamiento interno del equipamiento para una modificación y revisión de sus prácticas en el campo de consumos energéticos, tratamiento de residuos, impacto en la *huella carbono*, etcétera.

La demanda de información especializada de los profesionales de la gestión cultural ha provocado la publicación de guías, manuales, protocolos, etcétera, así como los bancos de experiencias, que se han multiplicado a escala nacional e internacional, lo que ha contribuido a avanzar en la generación de un conocimiento especializado y una incipiente línea de investigación imprescindible para consolidar estos progresos. Todo esto representa un nuevo compromiso de los museos, equipamientos y servicios de patrimonio con una cultura sostenible dentro de sus posibilidades.

El Libro verde para la gestión sostenible del patrimonio cultural (Ministerio de Cultura, 2024) representa un gran esfuerzo por encontrar referencias metodológicas diferentes para adaptarse a unas nuevas posiciones de los museos en el marco de la sostenibilidad. Destaca la voluntad de los profesionales para formarse y reciclarse en las capacidades que reclaman estos inesperados escenarios para los que no habían recibido aprendizaje en su momento.

---

12.   <https://icom.museum/es/recursos/normas-y-directrices/definicion-del-museo/> (consulta: 06/04/2025).

13.   Ibermuseos: *Guía de Autoevaluación en Sostenibilidad de Museos: exclusiva e innovadora herramienta para fomentar prácticas sostenibles*, 2023, en línea: <https://www.ibermuseos.org/recursos/noticias/la-gua-de-autoevaluacin-en-sostenibilidad-de-museos-despierta-gran-expectativa-en-la-regin/> (consulta: 06/04/2025).

La asunción de estos valores y recomendaciones afecta al propio proyecto, que va admitiendo nuevos principios en su visión, misión y objetivos, incorporando una nueva y actual dimensión sostenible en los museos. En algunos casos, donde en la práctica ya existían algunas de estas orientaciones, estos procesos han permitido reforzar con mayor intencionalidad posiciones en este sentido que no eran tan evidentes. La cooperación, comunicación e intercambio de experiencias entre museos, tan habitual en este campo, se ha visto reforzada y se incorpora a las alianzas de acuerdo con el famoso ODS 17 para generar sinergias a este fin. Todo ello incide en incorporar la sostenibilidad en el discurso, relato del museo o colección, o en las programaciones de exposiciones temporales, actividades, eventos, etcétera.

En otra perspectiva, aceptar la sostenibilidad, entre sus principios y valores, tiene una incidencia directa en las programaciones estables y temporales de los museos, a partir de abrir nuevas facetas no exploradas dentro de sus propias posibilidades que pueden ayudar a una mayor articulación con su entorno en estas responsabilidades compartidas que requiere la sostenibilidad. Este desafío ha facilitado el apoyo a proyectos creativos inclusivos que desde el arte interpretan y reflexionan sobre la naturaleza y la emergencia climática. Algunos de estos enfoques, que se habían desarrollado en la marginalidad o en espacios alternativos, pueden encontrar en estos museos o equipamientos patrimoniales un espacio de relación entre difusión, creatividad y compromiso.

En el conjunto de estas perspectivas de los museos, ante el reto de la sostenibilidad, no podemos olvidar su arraigada función educativa en sus diferentes extensiones. Por sus contribuciones a la información y difusión de la cultura y el arte, como elemento fundamental para el aumento de las capacidades culturales en el desarrollo humano, como por los aportes pedagógicos al conocimiento de la historia, el arte, la naturaleza, de acuerdo con sus diferentes especialidades, entre ellas las relacionadas con la emergencia climática.

La Agenda 2030 para el desarrollo sostenible incorporó en sus 17 ODS un amplio campo de acción para un futuro de la humanidad. No se ciñe únicamente a aspectos sostenibles en el campo del medioambiente o las exigencias del cambio climático, lo relaciona con otros grandes fines de unas sociedades cada vez más globalizadas. En este contexto, los museos no solo aportan a la dimensión cultural de la sostenibilidad, sino que pueden interactuar con otros sectores o subsistemas sociales como pueden ser la educación, la sanidad, el trabajo social, la gobernanza local, la igualdad de género, el urbanismo, etcétera, que también forman parte de esta agenda. La intersectorialidad o transversalidad de la dimensión cultural en el desarrollo sostenible (Martinell, 2021) se valora como un factor colaborador o facilitador de otros procesos que inciden en resultados que afectan al desarrollo sostenible. A partir de la transversalidad se abren posibilidades de salir del estricto y tradicional campo de la cultura para una mayor interacción con otros ámbitos que requieren que la cultura y, en este caso, los museos se impliquen en la reflexión y búsqueda de soluciones a los diferentes objetivos planteados. En estas dinámicas, el sistema cultural se integra a las alianzas locales y globales que han de dar respuesta a los grandes problemas de la sociedad del futuro. Una invitación a superar la fragmentación y un cierto aislamiento de los equipamientos culturales para incorporarse a las sinergias que han de provocar los cambios sociales.

El museo en sí mismo se puede considerar como un espacio público que, en su concepción, programación y funcionamientos, presenta a la población unas formas de actuar sostenibles y respetuosas con los ODS y el medioambiente. Una propuesta cívica para la convivencia social en un equipamiento capaz de facilitar el ejercicio del derecho de participar en la vida cultural, donde se aprecie una sensibilidad capaz de ayudar a asumir nuevos valores y principios. En este sentido, los museos han de admitir las dificultades de acceso de diferentes grupos sociales que no son habituales entre sus visitantes. Adicionando los cambios en los públicos de los museos, por el efecto de la movilidad y las migraciones, no podemos olvidar o abandonar la función de educación a la población y de presentación a otras culturas que conviven en el territorio.

Este conjunto de circunstancias a las que se enfrenta el patrimonio cultural, en su recorrido hacia la sostenibilidad, está provocando cambios significativos en este sector, es decir, la adaptación a nuevos escenarios se convierte en una oportunidad para un diálogo más intenso entre el museo, la comunidad y los problemas globales. Redefinir el rol social de los museos en la sociedad actual, tal como hemos dicho, es una apuesta para la construcción de futuros, y el compromiso con las nuevas generaciones, como un elemento clave de la sostenibilidad, se convierte en un imperativo moral para cualquier organización y sus profesionales.

CONCLUSIONES Y PROPUESTAS

Estos cambios y evoluciones han evidenciado la necesidad de renovación de las concepciones y fundamentaciones de las políticas culturales en el ámbito de patrimonio cultural en un sentido amplio, para incluir la perspectiva cultural en la sostenibilidad como una necesidad para incorporarse a las dinámicas globales.

El marco conceptual de la sostenibilidad procede de las ciencias naturales, la ecología y la conservación del medioambiente como reacción a una situación negativa del tipo de crecimiento y desarrollo. Forma parte de un amplio proceso de investigación científica procedente de diferentes disciplinas.

Lamentablemente, el sector cultural, artístico o del patrimonio no ha contribuido mucho a esta reflexión de hace décadas, y por diferentes razones no percibimos preocupaciones por este tema en los ámbitos de investigación básica o aplicada relacionados con la sostenibilidad cultural. A pesar de algunas excepciones, la dimensión cultural no ha contribuido a la construcción del concepto científico de sostenibilidad, como podemos observar en las declaraciones internacionales, como en el ámbito de las políticas nacionales para el desarrollo. El fin del principio de sostenibilidad, de proponer soluciones a los grandes problemas de las sociedades en la exploración de grandes equilibrios entre crecimiento-desarrollo económico, conservación del medioambiente y el bienestar social, infelizmente no ha recibido muchos aportes del sector cultural.

Como se ha descrito, la Agenda 2030 se nos ha presentado como una gran oportunidad para repensar las políticas culturales en el ámbito del patrimonio, a la vez que nos evidencia la falta de una mayor conceptualización de qué entendemos por sostenibilidad cultural en las características de los sistemas culturales contemporáneos.

La sostenibilidad es un esfuerzo de previsión de las necesidades de futuro, en todas las dimensiones, incluidas la cultural, a partir de un diagnóstico de desequilibrios sistémicos entre la acción de las sociedades humanas y el planeta. La sostenibilidad se plantea desde una realidad constatada con una reflexión de futuro, prospectiva o previsión de efectos posteriores. En este sentido, la cultura (o el sistema cultural) no acostumbra a utilizar esta perspectiva (y mucho menos la institucionalidad cultural que pocas veces prevé el futuro), no lleva a cabo estudios de impacto ni está acostumbrada a valorar las repercusiones posteriores.

La sostenibilidad en el sistema cultural requiere de equilibrios internos entre un legado de unos valores culturales que dialogan con una vida cultural contemporánea particular de cada contexto y con enormes influencias globales por los efectos de unas sociedades cada vez más interdependientes. El sistema cultural ha de mantener otro equilibrio con las prácticas culturales actuales, los aportes innovadores de la creación, las nuevas formas de producción cultural y amplios medios para la difusión de las artes y las expresividades culturales en una sociedad hiperconectada. Es necesario un amplio consenso social para lo fundamental y aceptar el riesgo de contribuciones que alteran la tradición (artes, adaptación tecnológica, innovación, nuevas vanguardias, etcétera), con capacidad de autonomía y defensa de los derechos humanos y culturales ante la mercantilización, manipulación y uso ideológico de la cultura.

En última instancia, la sostenibilidad requiere un compromiso con los posibles futuros escenarios de la cultura y del planeta. Una visión y previsión de las necesidades culturales de las sociedades de proximidad, con atención a sus impactos e hipotecas a las futuras generaciones. La sostenibilidad requiere que cada generación pueda definir, apropiar y modificar la cultura para adaptarla a su vida cultural contemporánea. Los artistas y creadores aportan sus visiones e interpretaciones sobre el futuro y sus consecuencias o se anticipan a cambios sociales y culturales, dentro de lo que algunos autores han definido como un pacto o ética intergeneracional a partir de rigurosas reflexiones y prospectiva sobre los efectos de la acción cultural actual en la posteridad, sin dejar *deudas sostenibles* para las próximas generaciones.

Los equilibrios particulares de la sostenibilidad cultural dentro de las amplias perspectivas del desarrollo sostenible plantean un largo trayecto a escala internacional, y han culminado con la Agenda 2030 como marco de referencia actual para los sistemas culturales.

Algunas propuestas para incorporar algunos principios sobre sostenibilidad cultural

Ante este panorama, las reacciones y posiciones de los diferentes actores sociales han movilizado positivamente a un sistema cultural cada vez más abierto a las interacciones con otros sectores, en un largo proceso de respuesta a las necesidades del desarrollo sostenible y la emergencia climática de este momento. En este sentido, presentamos un conjunto de propuestas orientadas al ámbito del patrimonio cultural para estimular una mayor implicación en la sostenibilidad cultural:

- Implementar los principios de la sostenibilidad en la estructura cultural como alternativa a nuevas situaciones que cuestionan y amplían la función social tradicional de la cultura y de los museos. Una amplia reforma legislativa y normativa de acuerdo con los retos de la comunidad internacional y las necesidades de los actores que intervienen en el patrimonio cultural a diferentes escalas.
- Una actualización de los principios fundacionales de cada institución o proyecto a partir de una actualización de su misión, visión y objetivos de acuerdo con principios de sostenibilidad y los valores de la Agenda 2030.

Sin olvidar la nueva definición del ICOM (2023) que, entre otras funciones, incorpora que «los museos fomentan la diversidad y la sostenibilidad».

— Explicar los avances que el sector cultural en general, y más concretamente el ámbito del patrimonio cultural, han logrado para incorporar los Objetivos de Desarrollo Sostenible a su práctica, con evidencias visibles y cambios en sus resultados. Deben esforzarse para evidenciar y difundir los aportes del patrimonio cultural a los diferentes ODS y sus objetivos, para su inclusión en los informes voluntarios de progreso (VNRs, por su sigla en inglés) de la Agenda 2030 de cada país, teniendo en cuenta los datos que han aportado en el más reciente (2024),[14] donde la dimensión cultural no está suficientemente representada de acuerdo con los esfuerzos realizados.

— Proponer estudios, análisis e informes técnicos con relación a los espacios, inmuebles y contenedores de acuerdo con la edificación heredada para adecuarlos a las necesidades actuales y futuras de acuerdo con principios sostenibles. Asimismo, incluir esta dimensión en las futuras reformas o ampliaciones y mantener un estricto control en las nuevas construcciones de equipamientos culturales.

— Dentro de diversas experiencias compartidas en la adaptación a los ODS, se ha demostrado la efectividad de llevar a cabo estudios sobre el funcionamiento interno de las organizaciones, con el fin de evaluar sus acciones en los ámbitos de los consumos energéticos, tratamiento de residuos, huella de carbono, materiales de construcción, uso de suministros sostenibles, etcétera.

— Incorporar la perspectiva y los valores del desarrollo sostenible en las estrategias, contenidos y formas de las programaciones permanentes o de las diferentes modalidades de acciones temporales de acuerdo con sus funciones.

— Considerar una visión crítica de la sostenibilidad cultural entre su función de mantenimiento y los necesarios riesgos de la creación artística.

— Fomentar una mayor implicación del sistema cultural con la emergencia climática, la naturaleza y la protección de la diversidad biológica, o con la salud después de la pandemia, de acuerdo con las especificidades de cada equipamiento o servicio.

— Fortalecer la multilateralidad en defensa del patrimonio mundial y la cooperación internacional en sistemas de ayuda a los patrimonios en riesgo de

14. <https://www.mdsocialesa2030.gob.es/agenda2030/documentos/Resumen_ejecutivo _ENV2024.pdf> (consulta: 06/04/2025).

destrucción intencionada por los conflictos bélicos. Crear mecanismos de solidaridad con los países o regiones que no disponen de recursos para la conservación y el mantenimiento de su patrimonio como para el funcionamiento mínimo de sus sistemas culturales.

– En temas de sostenibilidad y derechos humanos y culturales de las personas, los servicios culturales deben establecer puntos de equilibrio entre su rol o función social en la vida cultural de su entorno, de las personas, grupos y comunidades con la convivencia que produce la atracción de visitantes o turistas.

– Aumentar la perspectiva de los indicadores clásicos y empíricos de la evaluación de museos o servicios patrimoniales que no reflejan todos los aportes al desarrollo sostenible. Desde la perspectiva de la sostenibilidad, debemos tener en cuenta resultados e impactos intangibles, como la contribución a la vida cultural, a la cohesión social, etcétera. Como expresión de una sensibilidad adicional que requiere de una mayor fundamentación para su consideración política.

Conscientes de que no hay desarrollo sostenible sin la cultura, requerirá un nuevo compromiso de los museos, equipamientos y servicios de patrimonio en la defensa del objetivo cultura que se propone en el marco de la próxima Cumbre del Futuro.[15]

Bibliografía

aa. vv. (2024): *El libro clave de los museos*, Madrid, Acciona.

Fernández Buey, Francisco Javier (2011). «Sostenibilidad, palabra y concepto», *Revista Museos de la Subdirección de Museos del Estado 7-8*, pp. 16-25.

Martinell, Alfons (coord.) et al. (2020): *Cultura y Desarrollo Sostenible. Aportaciones al debate sobre la dimensión cultural de la Agenda 2030*, Madrid, reds.

Martinell, Alfons (dir.) (2021): *Objetivos de desarrollo sostenible y sus metas desde la perspectiva cultural. Una lectura transversal*, Madrid, reds.

Ministerio de Cultura (2024): *Libro verde para la gestión sostenible del patrimonio cultural*, Madrid, Ministerio de Cultura.

15. <https://culture2030goal.net/sites/default/files/2023-03/ES_culture2030goal_declaration%20CultureGoalMondiacult.pdf> (consulta: 06/04/2025).

UNESCO (1997): *Nuestra Diversidad Creativa*, Madrid, Fundación Santamaría.

VAQUER CABALLERIA, Marcos (2020). «El derecho a la cultura y el disfrute del patrimonio cultural», *Revista PH del Instituto Andaluz de Patrimonio Histórico* 101, pp. 48-73.

PLACE-BASED CULTURAL SUSTAINABILITY AND VITALITY IN A TIME OF TRANSITION

Nancy Duxbury
Centre for Social Studies, University of Coimbra

Cultural sustainability is generally conceptualized as both the sustainability of cultural and artistic practices and patterns, and the role of cultural traits and actions to inform and compose part of the pathways towards more sustainable societies. This article revisits and reflects on early efforts to define a vision of culture as the fourth pillar of sustainability, which spoke of cultural vitality, cultural well-being, and cultural sustainability—in concert with community participation. Culture was viewed as an integral aspect of local sustainability, an important dimension of living in a place, a source of embedded knowledge, memories, and place-based understanding, incorporating lessons of change and stewardship. Greater attention to place-based perspectives and approaches could strengthen arguments for culture in sustainability and foster cultural stewardship and place-keeping. In this time of climate emergency and urgent transformation of how we live and organize our communities, looking locally may help us advance globally.

La sostenibilidad cultural se conceptualiza generalmente como la sostenibilidad de las prácticas y patrones culturales y artísticos, y, a su vez, el papel de los rasgos y acciones culturales para informar y conformar parte de los caminos hacia sociedades más sostenibles. Este artículo revisa y reflexiona sobre los primeros esfuerzos para definir una visión de la cultura como el cuarto pilar de la sostenibilidad. Se hablaba de la vitalidad cultural, el bienestar cultural y la sostenibilidad cultural, en sintonía con la participación comunitaria. La cultura se consideraba un aspecto integral de la sostenibilidad local, una dimensión importante de la vida en un lugar, una fuente de conocimiento arraigado, recuerdos y comprensión local, que incorpora lecciones de cambio y gestión. Una mayor atención a las perspectivas y enfoques locales podría fortalecer los argumentos a favor de la cultura en la sostenibilidad y fomentar la gestión cultural y la preservación del territorio. En estos tiempos de emergencia climática y transformación urgente de cómo vivimos y organizamos nuestras comunidades, la mirada local puede ayudarnos a avanzar globalmente.

INTRODUCTION

Over the last two decades, arguments about the role of culture in advancing sustainable development have emerged from a variety of contexts and proliferated internationally. Although these discourses exist today within a web of international exchanges, conversations, meetings, documents, and actions, in the initial years the messages were more locally focused. Framed by the evolving concept of cultural sustainability, the first part of this article returns to the early 2000s to revisit and recover some of the early ideas associated with initiatives to advance culture as the fourth pillar of sustainability and a dimension of community well-being at a local level, showing how they were connected with cultural vitality, cultivating human creative capacity and participation, collective agency, and (to a lesser extent) place-based relations. Reminding ourselves of these roots and extracting insights from them may help guide our thinking and actions in our collective next steps going forward. In this time of climate emergency and urgent needs for transformation of how we live and organize our communities, looking locally may help us advance globally.

In the second part of the article, brief visits to some recent writings indicate that some of the challenges encountered 20 years ago continue to be issues in practice and policy. This is coupled, however, with insights emerging from recent research projects related to «cultural sustainability, tourism, and local development» and regenerative local dynamics which consider dimensions of local cultural stewardship and vitality in particular contexts, examining practices in different places to develop broader insights into common elements. Overall, the article concludes that greater attention to people–place relations and local place-based knowledges could strengthen arguments for integrating culture in sustainability action and help to foster a perspective of cultural stewardship and place-keeping.

FRAMEWORKS

Cultural sustainability

Cultural sustainability has been generally conceptualized as both the sustainability of cultural and artistic practices and patterns, and the role of cultural traits and actions to inform and compose part of the pathways towards more sustainable societies (Duxbury, Kangas & De Beukelaer, 2017). A cultural sustainability perspective focuses on considerations of cultural vitality, adaptation and change, and continuance over time. It recognizes the plurality and diversity of cultures, perspectives, experiences, and memories that inform and shape collective ways of life, forms of expression, ever-evolving imaginaries of place, community identities, and proposed future trajectories (Duxbury, 2021).

Cultural sustainability is embedded in the active processes through which cultures are sustained. As Aleida Assmann explains,

> Cultures depend on forms of transmission through recovering, reworking, revaluing, reanimating and restructuring the collected and collective heritage of the group. But this also means that the future of cultural memory and heritage is always precarious. It relies on renewed acts of attention, interest, remembering, preservation, transmission and discussion (2019: 27-28).

This approach can be coupled with the idea of sustainability as an «emergent property» of discussions about desired futures, engaging with processes of «articulation, (re)interpretation and negotiation of cultural difference», and incorporating unpredictability, uncertainty, and «situated knowledges» (Kagan, 2019: 131, referencing Haraway, 1988).

Marja Järvelä (2023), reflecting on how sustainable development should be considered with anticipation of eventual shocks, interruptions, and vulnerabilities related to development, posits that cultural sustainability can be increasingly associated with identifying vulnerabilities and with envisioning attainable measures of adaptation. From this perspective, she addresses the complex issue of defining cultural sustainability through lenses of social resilience and adaptive capacity at the local level. She notes that while the overall focus is on processes of real transformations, the keys to understanding opportunities for successfully implementing changes that would lead to increased adaptive capacity in the community rest in «the community culture of local participation and stewardship» (2023: 10). To aim to contribute to this adaptive capacity, local actors must not only deliver cultural productions and artifacts but also find «channels of agency and legitimate networks for influencing sustainability transformations» (2023: 10). As a long-term project, increasing cultural sustainability as part of adaptive capacity can be identified only gradually in the processes of transformation and participation.

Altogether, these perspectives on cultural sustainability place an accent on local dynamics and resonance amidst cultural diversity and change. There is little attention to developing umbrella definitions and approaches, and more a focus on the health and vitality of active processes, capacities, and changes localized in real places and communities.

Place-specificity

Ideas about cultural sustainability have evolved alongside broader discussions in sustainable development research and policy-making more generally, where «a territorial turn» over the last two decades has meant «a growing interest in place-based particularities and assets» (Zemite & Kunda, 2023: 1, citing Moriggi, 2021). Place-specificity includes considerations of resources, needs and capacities, and knowledge and preferences, altogether grounded in people–place relationships (Markey, Halseth & Manson, 2010; Pisters, Vihinen & Figueiredo, 2019). In this way, these discourses argue that sustainability «should be rooted in local resources, capacities, and the distinct nature of particular places» (Zemite & Kunda, 2023: 1, citing Roep, Wellbrock & Horlings, 2015).

This focus on the local intensified in the wake of the Covid-19 pandemic, especially in examining local responses to and recovery from this period. The imperative to understand the «situated» nature of how such challenges are addressed through dynamic and relational processes has been transferred into examinations of cultural policy and development contexts (Gilmore et al., 2019; Durrer et al., 2023). In his doctoral thesis, Jordi Baltà Portolés (2023) draws attention to the need to rethink and revise the governance of local cultural policy from a perspective of sustainability, adaptation, and regeneration, a process that must explicitly acknowledge and consider the implications of the climate crisis and broader sustainability challenges. As he highlights, it is at the local level that «the frictions generated by sustainability become particularly apparent» and where «conditions may exist for sustainable, culturally-adapted pathways to emerge» (2023: 13). This makes cities, and the local level more generally, a privileged space for examining the connections between culture and sustainability, in particular, «culture in a situated understanding of sustainability» (2023: 89).

CULTURE IN SUSTAINABLE DEVELOPMENT: AN ITERATIVE INTERNATIONAL DISCOURSE

International discourses about the cultural dimension of (sustainable) development have formed a general context for cultural sustainability discussions and ideas to unfold. A detailed review of the international trajectories of discourses around sustainability and culture have been traced elsewhere from different perspectives (see, e. g., Soini and Dessein, 2016; Duxbury, Kangas and De Beukelaer, 2017; and Järvelä, 2023, among other works). Here, a few key efforts are noted that informed more localized developments in the early 2000s.

From the 1970s, public statements about environmental consequences of (narrowly defined) economic development and sustainability circulated within in-ter-national discourses and global agencies, punctuated by the World Commission on Environment and Development (Brundtland Commission) and publication of *Our Common Future* in 1987. In this context, and from a «top-down» perspective, the UNESCO World Decade for Cultural Development (1988-1997) articulated four main objectives for «culturally appropriate development»: to assert the cultural dimension in development; to enhance cultural identities; to broaden participation in cultural life; and to promote international cooperation.

The emergence of a heightened cultural emphasis in the development paradigm occurred during the 1990s with the World Commission on Culture and Development (WCCD) publication of *Our Creative Diversity* (1995), the World Bank/UNESCO conference «Culture in sustainable development: Investing in cultural and natural endowments» in Washington, DC (Serageldin & Martin-Brown, 1999), and related high-level international meetings. These were oriented to speak to nation-states and international agencies, providing ideas and circulating rhetoric through these channels.

For instance, in the report *Our Creative Diversity*, UNESCO's WCCD observed that cultural patterns «play an irreplaceable role in defining individual and group identity and provide a shared «language» through which the members of a society can communicate on existential issues which are beyond the reach of everyday speech» (1995: 73). This «communication on existential issues» has become central to building resiliency and sustainability in communities and to promoting harmony between various «ways of living together», which forms the basis of UNESCO's definition of culture. This perspective placed culture—broadly defined—at the core of public engagement, dialogue, and collective decision-making for sustainability (Duxbury, Jeannotte & Beale, 2009).

A key point occurred in September 2002 during a speech of then French President Jacques Chirac during the Global Forum on Sustainable Development in Johannesburg. Integrating the roundtable «Biodiversity, Cultural Diversity and Ethics» during a heated period of discussion on the Convention on Cultural Diversity, Chirac said cultural diversity should «gradually take its place as the fourth pillar of sustainable development alongside economics, the environment and social concerns».[1]

CULTURE AS THE FOURTH PILLAR OF SUSTAINABILITY—LOCALIZED

At the turn of the millennium, a major change in the location of these discourses took place as the paradigm of sustainability grew in importance in city planning contexts, while considerations about culture were often sidelined or neglected in these models. In this context, the inclusion of culture within public sustainability dialogues was emergent and, in general, fractured through clustering around different foci.[2] Early efforts by organizations and cities to define a vision of culture as the fourth pillar of sustainability, beginning in earnest around the year 2000, spoke of cultural vitality, cultural well-being, and cultural sustainability, in concert with community participation. These discussions referenced the earlier statements from UNESCO and international fora, but were propelled by locally resonant and locally generated ideas.

The efforts aimed to expand sustainability beyond its environmental core. It looked at communities not as simple geographical spaces, but as rich places filled with people from different social and cultural backgrounds who were constantly adapting to new environmental, economic, social, and cultural realities. This multifaceted, evolving process was rooted in ongoing, inclusive public dialogue and participation that necessarily must be intercultural in nature. This dialogue was, of course, challenged by population mobility and change, and it was contextualized

---

1.   <https://unesdoc.unesco.org/ark:/48223/pf0000132262> (accessed: 18/10/2024).
2.   Nancy Duxbury, Eileen Gillette and Kaija Pepper (2007) observed ten different areas in which culture-related discussions were found: the culture of sustainability (changing behaviour, consumption patterns, and ways of thinking); globalization and local cultures; heritage conservation; sense of place; indigenous knowledge and traditional practices; community cultural development as a tool of civic engagement; arts, education, and youth; sustainable design; planning paradigms; and cultural policy and local government. Other work focused on strategies and means to reduce the environmental footprint of the arts/cultural sector, a stream that continues strongly today.

both locally and globally, as local citizens engage with global developments and networks of cultural diaspora (Duxbury, Jeannotte & Beale, 2009).

Originating in different parts of the world, these conversations, ideas, and other developments regarding culture in the context of local sustainability informed and influenced a subsequent wave of attention to «culture in sustainability» and «cultural sustainability» focused on the local level, which has significantly propelled discussions since the beginning of the twenty-first century. Against an emerging backdrop of conceptualizing culture within a sustainability context, four-pillar or four-dimension models of sustainability and well-being appeared in Australia, New Zealand, Canada, Asia, and among Small Island Developing States; was picked up and promoted by the United Cities and Local Governments international organization; and resonated in its reflection of the Aboriginal medicine wheel.

Three initiatives are revisited here: first, the writings of Jon Hawkes and particularly his influential book *The Fourth Pillar of Sustainability: Culture's Essential Role in Public Planning* (2001); second, New Zealand's elaboration of «cultural well-being» in its communities, which was launched into planning policy in 2002; and third, a national initiative in Canada that included a range of participative approaches to define the cultural dimension of local sustainability within long-term Integrated Community Sustainability Plans.

The fourth pillar of sustainability

In response to the rise of the three-dimensional model of sustainability among municipalities at the turn of the millennium—and the neglect of culture in this model—the Cultural Development Network (Australia) commissioned Jon Hawkes to write a book, which came to be entitled *The Fourth Pillar of Sustainability: Culture's Essential Role in Public Planning* (2001). The book turned into a touchstone for a wave of initiatives following and continues to be influential.

In this book, the core of culture was «the production of social values» (2001: 18) at the «foundation of the development of community» (2001: 18), reflecting an anthropological perspective on culture. The book was envisioned in the context of generalized societal concerns about the effects of globalization on local cultures as well as concerns about public re-engagement in society of disengaged individuals. Hawkes argued that the inclusion of the «cultural vitality» pillar—alongside social equity, environmental responsibility, and economic viability—«creates a formal space for community discourse, for debate about the values that inform our society» (2001: 26).

51

As Hawkes writes, «In a vital society, the meaning we make of our lives is something we do together, not an activity to be left to others, no matter how skilled, or representative, they may claim to be» (2001: 16). He views *vitality* as «the single most important characteristic of a sustainable culture» and «a sustainable society depends upon a sustainable culture... If a society's culture disintegrates, so will everything else» (2001: 12). The manifestations of cultural vitality, he writes, are «robust diversity, tolerant cohesiveness, multi-dimensional egalitarianism, compassionate inclusivity, energetic creativity, open-minded curiosity, confident independence, rude health» (2001: 23). The arts are presented as central to this process, embodying the creativity and imagination to «liberate the voices, the imaginations and the creativity of the community» (2001: 23) and as «the paramount symbolic language through which shifting social meanings are presented» (2001: 30), meaningfully reflecting and characterizing a time and its dreams and visions, a platform through which society makes (or discovers) meaning.

The need for a continual process of maintaining cultural health and vitality was also noted, requiring a process of «nurture and cultivation» (2001: 22) that creates the conditions in which a community can automatically express its values itself. This constant care, Hawkes notes, should be the purpose of public cultural intervention:

> Not so much a focus on progress, development or excellence as on vitality:
> - culture springs, first and foremost, from human interaction—the tangible products of these interactions, no matter how wonderful, are ultimately secondary to the daily exchanges between people;
> - making culture is a daily public event—not just in schools, in the media, in the «culture houses», but also in the streets, shops, trains and cafes;
> - by our behaviour are we known—this never-ending public process is a society's signature.
>
> Thus, a healthy society has a healthy culture, and health is meaningless in the absence of life. Culture is not a pile of artefacts—it is us; the living, breathing sum of us. [...]
>
> Governance methodologies will need to have a clear understanding of the role of culture in society if they wish to effectively facilitate the flowering of these qualities in our communities (2001: 22-23).

Secondarily, Hawkes suggests a companion concept of value is *authenticity*, «to concentrate on ensuring that the cultural manifestations in a community have a direct relationship with the culture of that community» (2001: 15). This was coupled with the essential knowledge of the «extraordinary diversity» of the history and heritage on which our present is founded:

> Knowing where we have come from helps us to discover where we want to go. Our social memory and our repositories of insight and understanding are essential elements to our sense of belonging. Without a sense of our past, we are adrift in an endless present (2001: 30).

Following the book's publication, Hawkes continued to reflect on these ideas, increasingly emphasizing cultural participation processes and cultural vitality. In subsequent speeches, he also elaborated further on the contextual histories and heritage enrooted in our environments:

> We are born into complex surroundings. Our environment is more than paddocks and rivers, trees and climate, roads and buildings. We are also surrounded by memories, attitudes, songs and stories. These inheritances are as much a part of our environment as the earth beneath our feet and the air we breathe.
>
> They make us what we are. To know who we are, we need to know what made us.
>
> What we become is deeply influenced by this heritage, both physical and spiritual. The meaning we make of our lives – what we call our culture, grows from this soil. The culture we make, the life we lead, the hopes we nourish, will be the richer from our understanding of our roots.
>
> Losing touch with the stories of our predecessors risks our humanity and threatens our environment and our culture. It is impossible to make new stories, new songs, if we have forgotten the language, misplaced the music.[3]

Hawkes viewed the social sense-making dimension of culture as «the transformation of heritage [...] a constant dynamic of reshaping what we 'know' as we experience and learn new things. What we make of our heritage is our culture».[4] For institutions like museums with a responsibility for protecting our heritages, key challenges are to «enhance diversity, engagement and, above all, vitality».[5] In a 2006 reflective essay, he wrote:

> The function of social memory is critical to cultural vitality. To remain healthy, memory requires exercise, not simply in the revisitation of memorabilia but in the active social application of our memories to the matter of our daily lives. This is a function squarely in the domain of heritage keepers and it will take more

---

3.   Jon Hawkes (2004): *Heritage & culture*, presentation to the Heritage Parks monthly meeting, pp. 8-9, online: <https://culturaldevelopment.net/community/Downloads/HeritageCulture.pdf> (accessed: 18/10/2024).

4.   Jon Hawkes (2004): *Heritage & culture*, p. 4.

5.   Jon Hawkes (2004): *Heritage & culture*, p. 4.

than increasing visitation, improving interactive exhibits and experiences and extending community consultation. These are all important, but they can't be claimed as manifestations of active community engagement. They are valuable but none of them land in the creative participation quadrant.

For the keeping places to achieve active community engagement, they must assiduously facilitate communities telling their own stories. The stories cannot be limited to those of long ago, though these are important, but we need the stories of now, of the connections between the past and the present and the future. We need to constantly remind ourselves that there are an infinite number of ways in which stories can be told—in words, in images, in movement, in music, in objects (2006: 245).

Pulling these aspects together, Hawkes emphasized the importance of democratizing arts practice, enabling direct engagement, cultivating a society where «its citizens are comfortable with applying their creative imaginations to new and changing situations» (2001: 24). He focused on the local level as «probably the best governance level at which to develop new methodologies of participatory democracy and cultural action. It is ideally placed to stimulate community debate on the values and aspirations that should inform our future, and to plan its actions in direct response to the visions of the community» (2001: 16).

Altogether, his focus was on people, individual capacities, socially linked collective dynamics, and participatory governance frameworks. While these concerns were situated in particular contexts, his attention was less concerned with the place itself or place–people interactions. Hawkes' writings and presentations dovetailed with a separate, more formal government initiative that originated from New Zealand, one that more strongly foregrounded people—place attachments and relations.

New Zealand's cultural well-being of community

A second initiative emerged in 2002, when under the new Local Government Act local councils in New Zealand gained new responsibilities to promote the «four well-beings» of their communities. Section 10 of the Act stated that one of the purposes of local government is to «promote the social, economic, environmental, and cultural well-being of communities, in the present and for the future». Thus, cultural well-being became one of four well-beings—social, economic, environmental, and cultural—which councils were challenged to integrate and balance in planning and practice.

Cultural well-being, however, was not defined in the Act. Local councils were tasked to come to their own understandings of what cultural well-being means, to work with their communities to identify their values and shared beliefs, including *hapū*[6] and *iwi*[7] values and beliefs.

The New Zealand Ministry for Culture and Heritage (NZMCH) provided some advice to local councils about cultural well-being (NZMCH, no date, 2005). For its purposes, the Ministry defined cultural well-being as «the vitality» enjoyed by communities and individuals through «participation in recreation, creative and cultural activities», conceptually linking with considerations of access and engagement; and «the freedom to retain, interpret and express their arts, history, heritage and traditions», linking with considerations of cultural freedom and cultural rights. Informed by Hawkes (2001), the Ministry centralized cultural participation: «Cultural well-being should ultimately be predicated on an active recognition that cultural participation is central to realising the potential for New Zealanders to lead fully rewarding, expressive and creative lives» (NZMCH, 2005: 9).

In a brochure, *Cultural well-being: What is it?*, the Ministry emphasized that cultural well-being can «broadly encompass values, shared beliefs, customs, behaviours and identity» (NZMCH, no date: 1), the (sometimes intangible) qualities that shape and define «who we are as New Zealanders, and make our country the diverse place that it is» (NZMCH, no date: 1). The scope of areas incorporated within cultural well-being included arts, creative and cultural activities; languages, film and broadcasting; history and heritage; sport and recreation; and sense of place (although the latter was described as dealing with urban space, landscapes, infrastructure, and managing the quality of natural resources for cultural outcomes, e.g., respecting the life force of water bodies).

In reference to heritage, cultural well-being related to «protecting and interpreting our past, linking us to who we are today and to our future» (NZMCH, 2005: 5). In the heritage context, the concept of cultural well-being also became more place-based with the Ministry pointing out that

> «Cultural heritage» recognises the metaphysical or spiritual qualities of locations – and so it includes oral histories, churches, markets, and particular vistas as well as tangible and intangible attributes of landscapes and communities (NZMCH, 2005: 8).

---

6. A division of a Māori people or community.
7. The largest social units in New Zealand Māori society, roughly meaning «people» or «nation» (Wikipedia).

Councils were also advised that cultural, social, environmental, and economic well-being are interconnected, with the linkages and mutual dependencies among all these aspects of well-being emphasized. As the New Zealand Ministry for Culture and Heritage noted, «The most fruitful outcomes are likely to occur at the intersections, interactions and integration of well-beings» (NZMCH, 2005: 5). Paul Dalziel, Hirini Matunga and Caroline Saunders also point out that

> Cultural well-being is not possible [...] without supportive social, economic, and environmental policies. These linkages and mutual dependencies make it essential that regional authorities do not overlook any one of the four components of well-being, nor can any of them be treated in isolation (2006: 276).

A change of government later brought this period to a close and the withdrawal of the need to define and implement programmes to foster cultural well-being. However, a widespread acceptance that culture is an essential component of individual and community well-being had emerged in New Zealand, with cultural well-being associated with «notions of cultural rights, cultural democracy, social cohesion, and cultural diversity» (Blomkamp, 2014: 181). As Dalziel, Matunga and Saunders (2006) noted, «a statutory list of well-being objectives that does not explicitly include cultural well-being appears deficient» (2006: 276). Within the world of cultural planning, practitioners had actively developed and internalized this approach and its influence continued in an implicit manner.

Canada's four-pillar Integrated Community Sustainability Plans (ICSPs)

A few years later, the Canadian government's External Advisory Committee on Cities and Communities put forward a vision and approach to sustainable development for Canadian cities and communities that was also based on a four-pillar model of sustainability. In line with the work of this task force, Infrastructure Canada developed a policy that required municipalities to develop long-term Integrated Community Sustainability Plans (ICSPs) reflecting this model.[8] The origins of this 2005 initiative were rooted in the need to promote integrated planning processes anchored in community-engaged consultations. An Integrated Community Sus-

---

8.   The requirement was tied to Gas Tax Fund Agreements signed in 2005-2006 with most of the provinces and territories, in which municipalities would receive revenues once an ICSP was developed.

tainability Plan was defined as a long-term vision, plan, and strategic framework, developed in consultation with community members, that would provide direction for the community to realize sustainability objectives it has for the environmental, cultural, social, and economic dimensions of its identity.

Informed by the four pillar approach to sustainability, the cultural pillar was «new» and while some guiding documents were created for municipalities, it was the least defined area, which meant leaving local cultural specificities and aspirations to be identified and defined by local governments and communities. The general absence of «senior government» conceptual leadership on this issue (i.e., in ICSP development guides) gave local communities the space and opportunity to articulate meanings and create these connections in diverse and locally resonant ways (Jeannotte & Duxbury, 2015). The localized approaches to the creation of the ICSPs with the residents of each community resulted in a wide disparity of outcomes.

Within this diverse array, significant efforts were made to engage citizens in discussions about the contents of the ICSPs, which gave a good deal of local resonance to the plans, and some municipalities/communities emerged as «conceptual leaders» putting forward their own distinct view on culture and sustainability, attempting to conceptualize this connection, and describing a comprehensive, holistic view of a sustainable community (Duxbury & Jeannotte, 2012: 10). As an example, the small city of Powell River, British Columbia (population 20,000 at the time) developed *The Powell River Sustainability Charter* which defined cultural sustainability as «developing, renewing and maintaining human cultures that create positive, enduring relationships with other peoples and the natural world».[9] The Charter Principles explicitly acknowledge the Aboriginal origins of the territory: «Recognize and respect Tla'amin aboriginal rights, title and cultural history».[10] Cultural considerations are linked tightly with social dimensions:

> Among seven sociocultural priorities that «define the future to which the community aspires»[11], three are cultural: *transfer of knowledge and history* held by community elders to youth; *maintaining the community's connection to its cultural heritage* by identifying, protecting, and celebrating archaeological and historical sites important to the Tla'amin First Nation and other community

---

9.   Powell River (2008): *Sustainability charter for Powell River: base document, compiled for Vancouver Island University*, p. 20, no longer online.

10.   Powell River (2010): *A sustainability charter for the Powell River region*, online: <https://www.qathet.ca/wp-content/uploads/2020/01/SustainabilityCharterPowellRiverRegion.pdf> (accessed: 18/10/2024).

11.   Powell River (2010): *A sustainability charter for the Powell River region*, p. 14.

ethnic groups; and «*cultural connection,*» using cultural events to express pride in the community's cultural diversity and arts and as important points of social connection «where neighbours meet, new connections are made and people are able to express themselves»[12] (Duxbury & Jeannotte, 2012: 10-11).

The ICSPs and related experiences highlighted the power of collective visions of local sustainability and the important role for both multiple and shared narratives in collective planning processes. Practitioners advanced conceptual frameworks for thinking about culture in the context of local sustainability and devised strategies to operationalize this. Within planning processes, cultural practices and programs were seen as a way of creating spaces to discuss alternative, sustainable futures that were not based on a capitalist/industrial/consumer model. In many locations, the ICSPs provided the incentive for communities to look at themselves in a holistic and longer-term perspective. Whether this initiative had significant impacts on the technical and political dimensions of local planning systems is more uncertain (Jeannotte & Duxbury, 2015).

Taking stock two decades later

In the «localized» approaches presented above, culture is viewed as an integral aspect of local sustainability, an important dimension of living in a place, a source of embedded knowledge, memories, and place-based understanding, potentially incorporating lessons of change and guiding stewardship and further development trajectories. Culture is also seen as a means of informing and taking collective action contributing to building local adaptive capacity and resilience (Järvelä, 2023). In the intervening years since the early 2000s, there has been increasing recognition by governments that culture matters and plays a role in local development—in urban settings as well as smaller places. While culture as the fourth pillar of sustainability continues to be advocated, conceptually the multidimensional nature of sustainability is increasingly recognised—entwining environmental, economic, social, and cultural dimensions. Furthermore, at this time of climate emergence, public and scientific discourses are shifting towards *just transition* and necessary *transformation*. Cultural actors and

---

12.   Powell River (2010): *A sustainability charter for the Powell River region*, p. 14. The remaining social priorities were social cohesion, social inclusion, civic empowerment, and lifelong learning.

organizations are actively reflecting on their roles in this broader imperative (e.g, Ranczakowska, Fraioli & Garma, 2024).

However, culture is still not sufficiently recognized in the important international agreements and programmes regarding sustainability, nor in the structures of national and local government programmes. At an international public and policy discourse level, the movement for inclusion of culture in the global sustainability agenda continues, while local initiatives and projects incrementally progress, learn, and (ideally) move forward. Within these overarching narratives and incremental shifts in practice over time, operational practicalities of integrating culture in local sustainability planning remain, derived from an underlying conceptual uncertainty as well as from issues and resistance faced in implementing local cultural policies and plans more generally (Duxbury, Cullen & Pascual, 2012).

A recent special issue within *City, Culture and Society* journal aimed to unpack and examine contemporary issues related to integrating culture into urban sustainability initiatives. The introduction to the issue noted how initiatives to integrate culture within urban policy in the context of local sustainable development are continuing to emerge internationally—now accompanied by a growing emphasis on urban justice (Duxbury, Durrer & Sitas, 2024). The issue addressed questions such as: Through what conditions is culture understood, described, operationalized, and administered—especially beyond institutions dedicated to arts, culture and heritages? Whose culture, cultural forms, and voices are represented? And how can the will, knowledge, and distributed power of allied individuals advance systemic transformation? Observing that while fields of practice evolve (e.g., cultural planning, heritage conservation, culture in urban planning, sustainability transition) and are playing out in dynamically changing contexts, the multiple conceptual shifts and social movements frequently meet inertia in established frameworks and practices (see also Kangas et al., 2024). The continued need to tackle these issues illustrates that while advances have been made, the collective struggle to incorporate culture within sustainable development discussions, planning, and programmes continues to be fraught with conceptual and institutional hurdles and challenges. Yet internal pressures and desires for responsiveness and change also exist, and alliances across spheres of practice, such as intersectoral and research—practice collaborations may play an important role going forward.

SO, HOW TO ENSURE LOCAL CULTURAL STEWARDSHIP, VITALITY, AND SUSTAINABILITY?

Obtaining a balance between protecting local or traditional culture and revitalization/change is an integral issue in caring for a local culture. Fostering cultural stewardship and sustainability includes enabling cultural adaptations and encouraging new approaches to traditional and emergent resources. This section briefly introduces new perspectives on thinking about cultural vitality in the context of place-based specificities and local sustainability. While not proposing to solve the impasses documented above, some insights may be gained from oblique glances to research on «cultural sustainability, tourism, and local development» and local regenerative dynamics catalyzed by grassroots culture-tourism projects. This complementary research considers dimensions of local cultural stewardship and vitality in particular contexts, examining practices in each place to develop broader insights on common elements.

Cultural sustainability, tourism, and local development

An examination of tourism situations in a variety of contexts internationally from a cultural sustainability perspective found that, at an overarching level, four highly interconnected themes emerged as essential elements:

1. Caring for culture: Fostering cultural stewardship and new approaches to traditional and emergent resources.
2. Enabling culturally sensitive modes of tourism: Encouraging locally beneficial modes of tourism which reshape relations between visitors and residents and highlight the specificities of a place.
3. Empowering community: Strengthening local community agency and designing inclusive and participative governance frameworks and mechanisms to better understand and act upon dynamics and issues concerning tourism, local cultural vitality, and social well-being.
4. Improving place: Leveraging the interactions between tourism and culture to engender positive placemaking dynamics that improve the cultural vitality, quality of life, and experience of place for both residents and visitors and thus contribute to sustainable development trajectories (Duxbury, 2021: 198).

These four themes collectively centralize cultural sustainability, inform and encourage the community about alternative actions to foster cultural vitality and stewardship, strengthen and empower community members to be engaged and active, and use the interactions that are developed to stimulate virtuous dynamics for local benefit more widely. As a general framework, these four dimensions may be integrated or adapted in other contexts mobilizing local heritage and contemporary resources. To these a particularly important dimension of conversations about cultural sustainability must be added: the cultivation of intercultural exchange and the valorization of *inter*cultural heritage in diverse urban contexts (Musaró & Moralli, 2021).

Regenerative dynamics related to grassroots culture-tourism projects

To move beyond general principles, in separate research, three case studies in Portugal were examined regarding how grassroots culture-tourism projects in small cities can contribute to regenerative micro-processes within the broader community, whether urban, social, cultural, environmental, and/or economic. Aligned with principles of regenerative tourism, in these situations, two key dimensions of enabling local practice were identfied: (1) stewardship of the resources of place, identity, and unique potential; and (2) collaboration, participation, and inclusion.

Dimension 1: Stewardship of the resources of place, identity, and unique potential

Providing a closer look at what cultural stewardship might look like in local (small city) contexts, five areas of action or dimensions stand out as collectively contributing to the revitalization of local resources, place identity, and building potential: heritage stewardship; encouraging place-inspired creative work; building the capacity of locally-based creators; reinforcing connections to place through tourism and a local economy approach; and using and improving public space (Duxbury, Vinagre de Castro & Silva, 2025).

In reference to heritage stewardship, this study found the following:

> Local actions focusing on heritage stewardship consider both material and immaterial aspects, in a connecting trajectory of actions ranging from safeguarding and preservation to promotion and awareness raising through

knowledge-sharing initiatives, to active training on techniques and intentional dialogues between tradition and contemporary, keeping heritage alive and evolving. This collection of actions can result in new art works and installations inspired by and based on the local culture, heritage, and identity. This place-inspired creative work (e.g., ceramics, textiles, design, and public art) further strengthens the local identity and its cultural elements and, in a circular way, contributes to safeguarding the continuity and evolution of the local heritage (Duxbury, Vinagre de Castro & Silva, 2025: 507).

In each case studied, the project explicitly recognizes and fosters connections with the place and its heritage(s), which may contribute to enhancing a sense of ownership and pride of place among collaborators (as well as other participants). A central element in these initiatives is an emphasis on strengthening connections to place through active immersion into the local context. This may be through culture–tourism activities that connect to place through guided exploration and experimentation, or more embedded participation through intensive programmes where participants live, explore, and co-create with the place's elements for a time. The use, revitalization, and potential transformation of public spaces emerge as a foundation for these actions. This may be realized as a defined project of urban and (ecological) landscape regeneration in the area surrounding a cultural institution, or a more organic, iterative process involving place-inspired art installations in public places or more ephemeral actions and encounters in public spaces.

Dimension 2: Collaboration, participation, and inclusion

Collaboration, participation, and inclusion are values that permeate the lead organization and how each functions within its community. This orientation materializes into intentional actions, observed in multiple projects, which can be grouped into three areas:

- Engage a variety of local creators to build and strengthen local networks, and to establish connections with visitor-participants from outside: To foster a spirit and habit of cooperation within a community and share limited resources, regular and visible collaboration between a cultural organization and organizations from other sectors in the development of projects seems to be essential.
- Involve children and youth and foster intergenerational knowledge and skill exchanges: Working with younger generations, the culture-tourism

projects aim to pass along knowledge and gain new perspectives. By fostering a sense of connection and ownership towards their cultural roots, this raises awareness and contributes to safeguarding and stewardship of local heritage. The projects also promote intergenerational engagements, fostering knowledge sharing, storytelling about life experiences and insights, and skill exchanges. In one community, for example, this inclusive approach has engaged former textile workers as well as fashion design students in creative tourism activities.

— Keep actions porous and «in public view» to allow community members to encounter these activities in public places: Public space has a major role in all projects. Developing activities in public spaces and free outdoor events (e.g., workshops, concerts, markets, art installations, presentations, walks, and guided tours) provides open access to the community (free-to-visit).

MOVING FORWARD: TOWARDS STEWARDSHIP AND PLACE-KEEPING

In this time of climate emergency and urgent needs for transformation of how we live and organize our communities, greater attention to people–place relations and local place-based knowledges could strengthen arguments for more explicitly recognizing culture in sustainability, help to foster a perspective of cultural stewardship and place-keeping, and, as Järvelä (2023) argues, could contribute to processes of real transformations through building social resilience and adaptive capacity at the local level.

In the context of regenerative tourism and related actions, one definition of stewardship is «care for the whole», which recognizes

> […] the ongoing, collective practice of tending the whole living system of place, in all its layers and all its complexity. A living system is too complex to control and contains more potential than we can know. But we can sense, participate, experiment, and evolve together with the system. To apply an agricultural metaphor, we can tend the soil even as we grow the plants and harvest the fruit.
>
> Such a practice of ongoing care and tending may be understood as a continuously unfolding inquiry, asking: «What conditions are needed in this moment, within these circumstances, to support the ability to thrive as fully as possible?» It is a continual assessment and adjustment based on emerging

insights, evolving conditions and shifting context. And it is a purposeful set of responsive actions.[13]

While appearing simplistic, this guidance echoes the perspectives on cultural sustainability presented earlier that focus on the health and vitality of active processes, capacities, and changes localized in real places and communities. Aiming to balance forward-thinking and current-actions perspectives, it moves the conversation beyond an interest in the specificities of places and place-making. Aligned with broader thinking about sustainability, it requires a need to go further to thinking about *place-keeping* while also maintaining an awareness of the uncertainty, unpredictability, and other change imperatives that will be part of just sustainability transitions and transformations going forward.

In this journey, earlier «localized» approaches to thinking about culture in diverse local sustainability contexts may serve as touchstones, with culture—in its diversity—viewed as an integral aspect of local sustainability, an important dimension of living in a place, a source of embedded knowledge, memories, and place- based understanding, potentially incorporating lessons of change and guiding stewardship. Examining contemporary on-the-ground incremental actions and strategies to foster place-based cultural vitality, sustainability, and regeneration can also provide insights about avenues for recognizing and activating «situated knowledge», bridging and negotiating across differences, and fostering new connections and collaborative approaches.

In today's troubled world where the climate emergency is upon us, continuities in place-based knowledge appear to be dissipating, and uncertain futures loom large, we must find ways of learning, questioning, changing, and acting collectively. Within this turbulence, the social memories of history and heritage and the «repositories of insight and understanding» (Hawkes, 2001: 30) found in culture—and cared for by cultural institutions such as museums—are essential resources for establishing our sense of belonging, learning through past transitions and transformations, understanding and navigating present uncertainties and challenges, telling our contemporary stories, envisioning future trajectories, and creating new pathways. Sustaining our diverse cultures in living, dynamic, and interconnected contexts of engagement, experimentation, sharing, and evolution is vital.

13.   Destination Canada (2023): *A regenerative approach to tourism in Canada*, Ottawa, online: <https://www.destinationcanada.com/sites/default/files/archive/1872-A%20Regenerative%20 Approach%20to%20Tourism%20in%20Canada/A-Regenerative-Approach-to-Tourism-in-Canada _EN.pdf> (accessed: 18/10/2024).

BIBLIOGRAPHY

ASSMANN, Aleida (2019): «The future of cultural heritage and its challenges», in Torsten Meireis & Gabriele Rippl (eds.): *Cultural sustainability: Perspectives from the humanities and social sciences*, London, Routledge, pp. 25-35.

BALTÀ PORTOLÉS, Jordi (2023): *Rethinking the governance of local cultural policy from the perspective of sustainability.* Doctoral thesis, University of Melbourne, Australia / University of Girona, Spain, online: <https://dugi-doc.udg.edu/handle/10256/24589>.

BLOMKAMP, Emma (2014): *Meanings and measures of urban cultural policy: Local government, art and community wellbeing in Australia and New Zealand.* Doctoral thesis, University of Auckland, New Zealand / University of Melbourne, Australia, online: <https://www.academia.edu/66666386/Meanings_and_measures_of_urban_cultural_policy_Local_government_art_and_community_wellbeing_in_Australia_and_New_Zealand>.

DALZIEL, Paul; Hirini MATUNGA & Caroline SAUNDERS (2006): «Cultural well-being and local government: Lessons from New Zealand», *Australasian Journal of Regional Studies* 12(3), pp. 267-280.

DURRER, Victoria; Abigail GILMORE; Leila JANCOVICH & David STEVENSON (eds.) (2023): *Cultural policy is local: Understanding cultural policy as situated practice*, London, Palgrave Macmillan.

DUXBURY, Nancy (ed.) (2021): *Cultural sustainability, tourism, and development: (Re)articulations in tourism contexts*, London, Routledge.

DUXBURY, Nancy; Catherine CULLEN & Jordi PASCUAL (2012): «Cities, culture and sustainable development», in Helmut K. Anheier, Yudhishthir Raj Isar & Michael Hoelscher (eds.): *Cities, cultural policy and governance*, London, Sage, pp. 73-86.

DUXBURY, Nancy; Victoria DURRER & Rike SITAS (2024): «Cultural policy actions towards urban sustainability: Research and practice collaborations», *City, Culture and Society* 37, article 100584, online: <https://doi.org/10.1016/j.ccs.2024.10058>.

DUXBURY, Nancy; Eileen GILLETTE & Kaija PEPPER (2007): «Exploring the cultural dimensions of sustainability», *Creative City News*, special edition 4, Vancouver, Creative City Network of Canada, online: <https://www.creativecity.ca/wp-content/uploads/2020/12/Creative_City_News_E.pdf>.

DUXBURY, Nancy & M. Sharon JEANNOTTE (2012): «Including culture in sustainability: An assessment of Canada's Integrated Community Sustainability Plans», *International Journal of Urban Sustainable Development* 4(1), pp. 1-19.

DUXBURY, Nancy; M. Sharon JEANNOTTE & Alison BEALE (2009): *Towards a new cultural policy profile: A Canadian contribution*, report commissioned by UNESCO Division for Cultural Policies and Intercultural Dialogue.

DUXBURY, Nancy; Anita KANGAS & Christiaan DE BEUKELAER (2017): «Cultural policies for sustainable development: Four strategic paths», *International Journal of Cultural Policy* 23(2), pp. 214-230.

DUXBURY, Nancy; Tiago VINAGRE DE CASTRO & Sílvia SILVA (forthcoming): «Culture-tourism entanglements: Moving from grassroots practices to regenerative cultural policies in smaller communities», *International Journal of Cultural Policy* 31(4), pp. 497-516, online: <https://doi.org/10.1080/10286632.2025.2470828>.

GILMORE, Abigail; Leila JANCOVICH; David STEVENSON & Victoria DURRER (2019): «Situating the local in global cultural policy», *Cultural Trends* 28(4), pp. 265-268.

HARAWAY, Donna (1988): «Situated knowledges: The science question in feminism and the privilege of partial perspective», *Feminist Studies* 14(3), pp. 575-599.

HAWKES, Jon (2001): *The fourth pillar of sustainability: Culture's essential role in public planning*, Melbourne, Cultural Development Network Victoria in association with Common Ground Publishing.

HAWKES, Jon (2006): «Why should I care?», *Museums & Social Issues* 1(2), pp. 239-246.

JÄRVELÄ, Marja (2023): «Dimensions of cultural sustainability—Local adaptation, adaptive capacity and social resilience», *Frontiers in Political Science* 5, online: <https://doi.org/10.3389/fpos.2023.1285602>.

JEANNOTTE, M. Sharon & Nancy DUXBURY (2015): «Advancing knowledge through grassroots experiments: Connecting culture and sustainability», *Journal of Arts Management, Law and Society* 45(2), pp. 84-99.

KAGAN, Sasha (2019): «Culture and the arts in sustainable development: rethinking sustainability research», in Torsten Meireis & Gabriele Rippl (eds.): *Cultural sustainability: Perspectives from the humanities and social sciences*, London, Routledge, pp. 127-139.

KANGAS, Anita; Miia HUTTUNEN; Nancy DUXBURY & Kiwon HONG (2024): «Editorial: The politics of sustainable development in cultural policies», *Frontiers in Political Science* 6, online: <https://doi.org/10.3389/fpos.2024.1421966>.

MARKEY, S.; G. HALSETH & D. MANSON (2010): «Disjuncture in rural renewal: Theory and practice in Northern British Columbia», in Dick G. Winchell, Doug Ramsey, Rhonda Koster & Guy M. Robinson (eds.): *Geographical perspectives on sustainable rural change*, Brandon, MB, Rural Development Institute, Brandon University, pp. 313-329.

Moriggi, Angela (2021): *Green care practices and place-based sustainability trans-formations: A participatory action-oriented study in Finland*. Doctoral thesis, Wageningen University, The Netherlands, online: <https://www.proquest.com/openview/c92a8bf803a3bcb49ef2464b1602515f/1?pq-origsite=gscholar&cbl=2026366&diss=y>

Musaró, Pier Luigi & Melissa Moralli (2021): «What is the role of responsible tourism in building stronger and intercultural communities? Two case studies from Italy», in Nancy Duxbury (ed.): *Cultural sustainability, tourism, and development: (Re)articulations in tourism contexts*, London, Routledge, pp. 21-35.

nzmch (no date): *Cultural well-being: What is it?* Wellington, New Zealand Ministry for Culture and Heritage.

nzmch (2005): *Cultural well-being and local government report 1: Definitions and contexts of cultural well-being*, Wellington, New Zealand Ministry for Culture and Heritage.

Pisters, Siri R.; Hilkka Vihinen & Elisabete Figueiredo (2019): «Place based transformative learning: A framework to explore consciousness in sustainability initiatives», *Emotion, Space and Society* 32(1), online: <https://doi.org/10.1016/j.emospa.2019.04.007>.

Ranczakowska, Anna Maria; Martina Fraioli & Amandine Garma (2024): *Just sustainability from the heart of communities: The transformative power of socio-cultural centres*, Research report, Brussels, European Network of Cultural Centres, online: <https://cloud.encc.eu/s/BptCQcYzwDXwBGr>.

Roep, Dirk; W. Wellbrock & Lummina G. Horlings (2015): «Raising self-efficacy and resilience in the Westerkwartier: the spin-off from collaborative leadership», in John McDonagh, Birte Nienaber & Michael Woods (eds.): *Globalization and Europe's rural regions: Perspectives on rural policy and planning*, London, Routledge, pp. 41-58.

Serageldin, Ismail & Joan Martin-Brown (eds.) (1999): *Proceedings of the Conference on Culture in Sustainable Development: Investing in Cultural and Natural Endowments*, Washington, DC, The World Bank, online: <http://documents.worldbank.org/curated/en/100961468770395932/Culture-in-sustainable-development-investing-in-cultural-and-natural-endowments>.

Soini, Katriina & Joost Dessein (2016): «Culture-sustainability relation: Towards a conceptual framework», *Sustainability* 8(2), online: <https://doi.org/10.3390/su8020167>.

wccd (1995): *Our creative diversity*, Paris, unesco.

ZEMITE, Ieva & Ilona KUNDA (2023): «Place-based sustainability—act or wait-and-see?», *Frontiers in Political Science* 5, online: <https://doi.org/10.3389/fpos.2023.1199903>.

ENTRE DOS PLACAS TECTÓNICAS
Los museos entre la sostenibilidad y la transformación neoliberal e insostenible*

Xavier Roigé
Universitat de Barcelona

Sostenibilidad es, hoy en día, un concepto omnipresente, tanto en los debates sociales y económicos como por su uso en los museos. Los museos se encuentran ubicados entre dos placas tectónicas antagónicas: por una parte, la presión de la placa tectónica neoliberal (mayor número de visitantes, más turismo, grandes edificios, globalización cultural, instituciones satélite o franquiciadas, grandes exposiciones), y, por otro, la presión por los museos sociales, que lleva a estas instituciones a reforzar su sostenibilidad, participación social y, sobre todo, función social. El artículo analiza críticamente las contradicciones de esta diversidad, propone acciones de sostenibilidad en los museos y proporciona pistas para que los museos puedan ser consideradas instituciones creíbles para la sostenibilidad. Para ello, se insiste en que las acciones en la sostenibilidad no deben ser solo un maquillaje en términos de acciones ambientales, sino que deben comprometer al conjunto de la institución. Se acaba proponiendo la necesidad de retomar y profundizar en algunos principios teóricos que forman parte de la museología social, como un buen antídoto para las tentaciones de un crecimiento ilimitado que la presión neoliberal pretende imponer en los museos.

Nowadays sustainability is an omnipresent concept, both in social and economic debates and in its use in museums. Museums are located between two antagonistic tectonic

* Este artículo ha sido realizado en el marco del proyecto financiado por el Ministerio de Ciencia e Innovación y el Programa FEDER «Patrimonio inmaterial y museos ante los retos de la sostenibilidad cultural» (PID2021-123063NB- I00).

plates: on the one hand, the pressure of the neoliberal tectonic plate (increased visitor numbers, more tourism, large buildings, cultural globalization, satellite or franchised institutions, large exhibitions), and, on the other, the pressure from social museums, which leads these institutions to strengthen their sustainability, social participation, and, above all, their social function. This article critically analyzes the contradictions of this diversity, proposes sustainability actions in museums, and provides clues for museums to be considered credible institutions for sustainability. To this end, it emphasizes that sustainability actions should not be merely window dressing in terms of environmental actions, but should engage the entire institution. The need to revisit and deepen some theoretical principles that are part of social museology is ultimately proposed, as a good antidote to the temptations of unlimited growth that neoliberal pressure seeks to impose on museums.

INTRODUCCIÓN

En los años 2022 y 2023 fue noticia el hecho de que diversos activistas irrumpieron en museos para protestar contra el cambio climático. Ecologistas de distintos países fueron a museos como el Metropolitan en Nueva York,[1] la National Gallery en Londres[2] o el Museo del Prado en Madrid,[3] entre otros muchos, utilizando pasteles, sopas, pinturas y pegamentos para captar la atención de los visitantes de los museos y de los medios de comunicación, marcando los cristales o las paredes de obras de arte conocidas, o pegándose a las paredes adyacentes. Su mensaje era bien simple: no puede haber arte en un planeta muerto. Estas acciones provocaron todo tipo de reacciones, desde el soporte de organizaciones ambientalistas hasta la condena por su carácter vandálico, o de preocupación por parte de los museos afectados de que pudiesen dañar las obras de arte. El propio Comité Internacional del ICOM se

---

1.   «Climate activist protest against federal charges, against their colleagues rally at the Metropolitan Museum», *The Art Newspaper*, 27/6/2023, en línea: <https://www.theartnewspaper.com/2023/06/27/climate-activists-protest-federal-charges-degas-metropolitan-museum> (consulta: 27/10/2024).

2.   «National Gallery in London bans liquids after activists' art attacks», *The Guardian*, 17/10/2024, en línea: <https://www.theguardian.com/artanddesign/2024/oct/17/national-gallery-london-steps-up-security-activists-art-attacks> (consulta: 27/10/2024).

3.   «Dos activistas se pegan a los marcos de 'Las majas' de Goya en el Museo del Prado», *El País*, 22/11/2022, en línea: <https://elpais.com/sociedad/2022-11-05/dos-activistas-se-pegan-a-los-marcos-de-las-majas-de-goya-en-el-museo-del-prado.html> (consulta: 27/10/2024).

posicionó en un comunicado[4] el 11 de noviembre de 2022 –que fue interpretado de distintas formas, incluso celebrado por algunos colectivos ecologistas como si esta institución se mostrase favorable a estas acciones–. En dicho comunicado se afirmaba que «desea reconocer y compartir tanto las preocupaciones expresadas por los museos sobre la seguridad de las colecciones como las preocupaciones de los activistas climáticos a medida que nos enfrentamos a una catástrofe medioambiental que amenaza la vida en la Tierra», considerando que «la elección de los museos como telón de fondo de estas protestas climáticas es un testimonio de su poder simbólico y su relevancia en los debates sobre la emergencia climática».

En todo caso, al margen de la valoración de estas manifestaciones y de su potencial riesgo para las obras de arte, resulta paradigmático que estas acciones se hayan centrado en los museos. Por una parte, porque la elección de los museos demuestra el poder de estas instituciones como escenario de reivindicaciones sociales, como lugar simbólico en el que se dirimen algunos de los grandes debates contemporáneos, y ese carácter relevante al que el propio ICOM aludía. Por otra parte, el propio comunicado del ICOM resaltaba los esfuerzos de los museos para concienciar y actuar a favor de la sostenibilidad, como indicaba la declaración de la 34.ª Asamblea General del ICOM en Kioto, señalando que

> todos los museos tienen un papel que desempeñar en la configuración y creación de un futuro sostenible a través de nuestros diversos programas, asociaciones y operaciones [...] de forma que los museos respondan repensando y reformulando sus valores, misiones y estrategias [...] como marco rector para incorporar la sostenibilidad en nuestras propias prácticas internas y externas y programación educativa; y empoderarnos a nosotros mismos, a nuestros visitantes y a nuestras comunidades a través de la contribuciones positivas a la consecución de los objetivos de la Agenda 2030, Nuestro Mundo; reconociendo y reduciendo nuestro impacto ambiental, incluida nuestra huella de carbono, y ayudar a garantizar un futuro sostenible para todos los habitantes del planeta: humanos y no humanos.[5]

La preocupación por la sostenibilidad ha estado, por tanto, en el centro de las preocupaciones de los museos, con numerosas acciones, manifiestos y acciones.

El comunicado del ICOM se sorprendía de que los activistas no comprendiesen este esfuerzo de los museos en favor de la sostenibilidad. Pero, como se preguntaba

---

4.   <https://icom.museum/en/news/icom-statement-climate-activism/> (consulta: 27/10/2024).
5.   <https://icom.museum/wp-content/uploads/2021/01/Resolution-sustainability-EN-2.pdf> (consulta: 31/10/2024).

el propio ICOM en un seminario internacional organizado en Francia (2022), «¿son los museos actores creíbles de la sostenibilidad?»[6].

¿Percibe la sociedad a los museos como equipamientos realmente sostenibles? ¿O más bien los considera como instituciones que, con su desarrollo extremo y crecimiento ilimitado en cuanto a número de visitantes, su papel clave en la expansión del turismo y sus grandes exposiciones, están contribuyendo al cambio climático? Este artículo parte de la idea de que la contribución de los museos a la sostenibilidad es heterogénea. Más allá de las declaraciones y compromisos en cuanto a la sostenibilidad, lo cierto es que muchos museos –especialmente los más visibles y con mayor proyección social– participan en una carrera de crecimiento que los convierte más bien en insostenibles. El problema es que la opinión pública se fija sobre todo en estos museos, que son los más visibles a escala internacional, y ve en ellos instituciones cada vez más llenas de público, con grandes costes de mantenimiento y como agentes promotores de turismo, con actuaciones alejadas de los criterios de sostenibilidad. No obstante, la gran mayoría de los museos, especialmente los de tamaño reducido y medio, se basan ya desde la nueva museología en la noción de la sostenibilidad como uno de los ejes principales de sus acciones. Para analizar esta dicotomía, este artículo se divide en cuatro secciones: una primera, de carácter teórico, en la que repasaremos los conceptos básicos de la noción de sostenibilidad aplicada a los museos; una segunda en la que analizaremos lo que denominamos «museos insostenibles», repasando las contradicciones generadas por estos museos en cuanto a la sostenibilidad; una tercera parte en la que nos referiremos a cómo los museos –especialmente los de carácter local– ya están contribuyendo desde hace décadas a la sostenibilidad; y, finalmente, una cuarta parte en la que señalaremos algunas acciones llevadas a cabo por los museos en pro del desarrollo sostenible.

LOS MUSEOS ANTE LA SOSTENIBILIDAD

Sostenibilidad es, hoy en día, un concepto omnipresente. Desde que en 1987 el Informe de la Comisión Brundland para las Naciones Unidas lo definiese, y sobre todo a partir de 2015 con la aprobación de los Objetivos de Desarrollo Sostenible (ODS), el concepto ha tenido una amplia aceptación. La sostenibilidad es hoy en día un término que se usa en todos los campos posibles, y no siempre de forma

6. <https://www.icom-musees.fr/actualites/les-musees-acteurs-credibles-du-developpement-durable> (consulta: 29/10/2024).

coincidente: por parte de la política, de las empresas, del ámbito académico o de los activistas ambientalistas. Con frecuencia, se utiliza de forma ambivalente sin llegar a precisarlo o analizarlo, e incluso como propaganda comercial para señalar las virtudes de un producto o el compromiso de una empresa. Observamos su uso como recurso comercial en compañías aéreas, hoteleras, turísticas, de productos agrícolas y ganaderos, en compañías energéticas, en empresas petroleras o en debates políticos. ¿Qué hay más allá de discursos y declaraciones políticas? ¿Es solo un lavado de imagen? ¿Ese uso tan abusivo del concepto no está desprestigiando el alcance político y teórico del concepto? La generalización de la noción de sostenibilidad, una cierta vaguedad terminológica y sus múltiples usos implican su introducción en los museos.

Para comprender el alcance del término *sostenibilidad* debemos destrejar un poco sus orígenes y sobre todo sus significados. El concepto se ha convertido en un referente para la investigación científica sobre el medio ambiente y ha adquirido un carácter paradigmático para el desarrollo (Sachs, 2015) desde su aparición en el Informe Brundtland en 1987, mencionado anteriormente, que alertaba de las consecuencias medioambientales negativas del desarrollo económico y la globalización, tratando de buscar posibles soluciones a los problemas derivados de la industrialización y el crecimiento de la población. Desde la Cumbre de la Tierra de Río de Janeiro en 1992, el concepto se ha vuelto hegemónico y se ha incorporado en tratados internacionales, y en las constituciones y leyes nacionales de muchos países del mundo (Ruggerio, 2021). Con la adopción del concepto de economía verde[7] en la Cumbre de Río+20 en el 2012, y sobre todo con la definición de los 17 ODS, estos conceptos han ido perfilándose como parte de las políticas nacionales de muchos países en campos diversos como la agricultura, el desarrollo urbano, las políticas ambientales, las políticas energéticas y sociales, y también como parte de las agendas culturales, con políticas que adoptan generalmente el concepto sin poner en cuestión las contradicciones teóricas que estos conceptos comportan (Spaiser et al., 2017).

Antes de analizar los efectos que la aplicación de estos conceptos implica para los museos, es necesario señalar dos cuestiones que con frecuencia se tienen poco en cuenta. En primer lugar, que los ODS no se limitan a los aspectos climáticos, sino a un conjunto de elementos mucho más amplios que incluyen también cuestiones ambientales, sociales y económicas, que configuran los tres pilares de la sostenibi-

---

7.   ONU: «Economía verde», en línea: <https://www.unep.org/es/regiones/america-latina-y-el
-caribe/iniciativas-regionales/promoviendo-la-eficiencia-de-recursos-1> (consulta: 29/10/2024).

lidad (Loach et al., 2016). De esta forma, una política de sostenibilidad aplicada a un museo no debe referirse únicamente a la reducción del impacto ambiental, sino también a otros aspectos tan diversos como la salud, la igualdad de género, el trabajo decente, la paz y la justicia, o la creación de comunidades sostenibles, por citar algunos de los elementos que configuran los 17 ODS. El hecho de que sean objetivos tan genéricos y amplios dificulta una política efectiva en muchos ámbitos sociales y culturales, incluyendo a los museos. En segundo lugar, el hecho de que los ODS no incluyan la cultura como uno de sus objetivos ha llevado a diversos autores a la adopción del concepto de sostenibilidad cultural (Soini y Birkeland, 2014), configurándose como un cuarto pilar que daría sentido y transversalidad a los otros tres pilares (Auclair y Fairclough, 2015). La sostenibilidad cultural permite integrar a la cultura en el desarrollo sostenible, reconociendo que esta es un componente esencial para el bienestar de las sociedades (Miereis, 2019). Se basa en la idea de que el desarrollo no debe comprometer la capacidad de las futuras generaciones para satisfacer sus propias necesidades culturales, incluyendo la preservación y promoción de las identidades culturales, las tradiciones y el patrimonio cultural, tanto material como inmaterial, asegurando que las generaciones futuras puedan disfrutar y beneficiarse de ellas (Molina, 2018). De esta forma, Soini y Dessein (2016) proponen que la sostenibilidad cultural es posible porque existe una relación inherente de la cultura con la economía, la sociedad y el medioambiente, de manera que la cultura es un recurso que debe ser preservado y distribuido de forma equitativa. La noción de sostenibilidad cultural, como señalan Mason y Turner (2020), se basaría en un equilibrio entre las comunidades y las instituciones culturales, de forma que las comunidades fuesen capaces para tomar sus decisiones sobre el patrimonio y su desarrollo.

De todas formas, más allá de estos deseos, lo cierto es que los museos en la actualidad se encuentran ubicados entre dos placas tectónicas antagónicas. Por una parte, podríamos hablar de la presión de la «placa tectónica neoliberal». Los museos compiten para conseguir un mayor número de visitantes, atraer a más turismo y crear grandes edificios que sean referencia cultural y simbólica de las ciudades o países que los construyen y conseguir más recursos. Además, dentro de un proceso de globalización cultural, algunos grandes museos se expanden o bien creando instituciones satélite o franquiciadas, o bien exportando grandes exposiciones. Esta presión lleva a los museos neoliberales a priorizar la rentabilidad económica, lo que comporta con frecuencia una comercialización excesiva, enfocándose en lo que es popular y rentable en lugar de lo que es culturalmente significativo (Martínez, 2022). En un sentido contrario, podríamos hablar de «la presión en la placa tectónica por los museos sociales», con museos basados en la ecomuseología, la participación social y la sostenibilidad. La idea de que los museos son entidades sociales se impone en la propia definición de museo adoptada por el ICOM en 2022, que insiste también en el carácter inclusivo de los museos, su papel en la diversidad y la sostenibilidad.[8] Esta definición incide en el papel social de los museos, en su inclusividad, en su papel como instituciones de bienestar social y críticas.

Ambas presiones para los museos pueden parecer antagónicas, y de alguna forma inciden en estas instituciones confrontando esa deriva neoliberal con su papel social. Los museos se enfrentan a un delicado equilibrio entre operar de manera rentable bajo un modelo neoliberal y cumplir con sus funciones sociales de accesibilidad, educación y preservación cultural (Martínez, 2022). Se trata de un desafío clave para los museos.

¿MUSEOS INSOSTENIBLES?

Durante la pandemia, las prohibiciones sanitarias afectaron a los museos de todo el mundo. Fue un momento de replanteamiento de la museología, que parecía que iba a cambiar radicalmente las funciones y estructura de los museos. De un día para otro, los museos se cerraron y se quedaron sin visitantes, obligando a reformular su trabajo y la manera de llegar a sus públicos. Los efectos en los museos fueron múltiples, como hemos analizado en otros trabajos (Arrieta, Roigé y Seguí, 2023; Roigé y Canals, 2022), incluyendo su cierre,[9] un fuerte impacto financiero con una fuerte disminución de sus ingresos,[10] la reducción del número de visitantes después de su apertura[11] y efectos sobre los empleados, que se enfrentaron a despidos, suspensiones o readecuaciones de sus contratos.[12] Al mismo tiempo, los museos abordaron una

---

8. <https://icom.museum/es/recursos/normas-y-directrices/definicion-del-museo/> (consulta: 30/10/2024).

9. UNESCO: *Les musées dans le monde face à la pandémie de COVID-19*, 2020, en línea: <https://unesdoc.unesco.org/ark:/48223/pf0000373530_fre> (consulta: 12/10/2024)

10. ONU: «La asistencia a los museos cayó un 70% debido al COVID-19, dejándolos en una frágil situación financiera», 13/4/2021, en línea: <https://news.un.org/es/story/2021/04/1490762> (consulta: 12/10/2024).

11. Ministerio de Cultura: «El Ministerio de Cultura y Deporte presenta los resultados de un estudio sobre el impacto de la pandemia de COVID-19 en los museos españoles», 18/5/2021, en línea: <https://www.cultura.gob.es/actualidad/2021/05/210518-estudio-covid-museos.html>.

12. ICOM: *Museos, profesionales de los museos y COVID-19: encuesta de seguimiento*, 2020, en línea: <https://icom.museum/es/covid-19/encuestas-y-datos/encuesta-de-seguimiento-covid-19-museos/> (consulta: 12/10/2024)

fuerte transformación digital, lo que incrementó la disponibilidad de materiales en línea y la interacción a través de las redes sociales (Arrieta, Roigé y Seguí, 2023) y la promoción de museos virtuales (Soulier y Roigé, 2022). En cuanto a sus actividades, la mayoría de los museos tuvieron que reducir o adaptar sus actividades culturales presenciales.[13] Como el público no podría ir a los museos, estos adoptaron estrategias diversas para ir a su encuentro en escuelas, centros sociales, residencias de ancianos e incluso hospitales. También fueron notables las acciones y actividades encaminadas a registrar la pandemia, recogiendo objetos, documentación, fotografías y testimonios relacionados con la crisis que se estaba viviendo. Este esfuerzo por documentar la pandemia comportó dos efectos muy interesantes: por un lado, la creación de nuevas colecciones sobre lo contemporáneo, realizadas de forma participativa, y, por otro, la puesta en marcha de la primera gran acción de recogida de documentación digital, que implica retos sobre cómo los museos del futuro tratarán y expondrán estas colecciones (Roigé, Canals y Rico, 2023).

En general, los museos se esforzaron para convertirse en lugares más sociales y locales, ofreciendo a la población y a los agentes locales espacios seguros en los que llevar a cabo sus actividades, como, por ejemplo, actividades de salud o acciones sociales de soporte a las poblaciones más vulnerables afectadas por la pandemia. Esta estrategia se complementaba con el esfuerzo desarrollado durante ese período por acercarse a las poblaciones más locales. Esta inclinación hacia lo local se dio también en aquellos museos centrados preferentemente en el turismo y, por tanto, más afectados por la pérdida de públicos durante la pandemia (Arrieta, Roigé y Seguí, 2023).

Mientras que los museos permanecían cerrados, o tras su reapertura, estas instituciones realizaron un gran número de reflexiones en las que consideraban que debía aprovecharse la pandemia para reorientar los museos, adoptando modelos más sostenibles y sociales. Influenciados por lo que estaban viviendo, muchos creyeron que ya nada volvería a ser como antes. Las declaraciones de muchos directores de museos, los debates en la prensa y los foros sobre lo que sucedía en esos momentos en los museos coincidían en que se abría una nueva etapa. Así, se señalaba que la pandemia había acelerado un nuevo modelo de museo caracterizado por un menor número de exposiciones de gran tamaño («Menos megaexposiciones y más

---

13.   «El Ministerio de Cultura y Deporte presenta los resultados de un estudio sobre el impacto de la pandemia de COVID-19 en los museos españoles», en línea: <https://www.cultura.gob.es/actualidad/2021/05/210518-estudio-covid-museos.html> (consulta: 12/10/2024).

colecciones propias»),[14] de forma que el modelo de grandes exposiciones y salas abarrotadas de público, de turistas, habría colapsado, y eso llevaría a priorizar lo local y desarrollar la comunicación virtual.[15] Se declaraba también la necesidad de ahondar en la sostenibilidad, frente al consumismo cultural masificado: así, un reportaje con entrevistas a los principales directores de museos españoles señalaba el «adiós a la época de los museos monumentales y de las exposiciones gigantes», de manera que «los museos serían más cercanos, reflexivos y tecnológicos, menos soberbios».[16] En el mismo reportaje se señalaba que «se había agotado un modelo de inercia que favorecía la hiperventilación de la abundancia». El director del Museo del Prado, Miguel Falomir, tenía claro que «la pandemia acelerará procesos ya iniciados: mayor importancia de la colección permanente en detrimento de las exposiciones espectáculo; acentuación de la dimensión social y educativa del museo y su relación con el entorno, y potenciación de la tecnología para la consecución de tales fines». También afirmaba que «hemos pecado de cierta soberbia y debemos ser más humildes. La crisis ha puesto en evidencia la fragilidad de un modelo, iniciado en los años ochenta del pasado siglo, basado en el crecimiento ilimitado: más visitantes, más actividades, más recursos, más gastos, nuevos espacios y franquicias... Es el momento de redimensionar el papel del museo en la sociedad».[17] Por su parte, el entonces director del Museo Nacional Reina Sofía afirmaba que

> lo que parecía imposible ha ocurrido: la maquinaria en marcha de esta cultura del espectáculo, de una cultura dirigida al beneficio, ha parado completamente. Ahora es el momento de hacer cambios en profundidad, cambios respecto a lo que había que no funcionaba y que era necesario modificar, desarrollando un tipo de propuestas de las que nos habíamos olvidado, de la educación, de las personas y, sobre todo, de la creatividad. Toca plantear, no una nueva museografía, que hace referencia a un cambio meramente epidérmico, sino

14. «Menos megaexposiciones y más exposiciones propias: la pandemia aceleró un nuevo modelo de museo», *La tercera*, 2021, en línea: <https://www.latercera.com/la-tercera-pm/noticia/menos-megaexposiciones-y-mas-colecciones-propias-la-pandemia-acelero-un-nuevo-modelo-de-museo/RDJVHY53C5ENPI2KZORBZSVLIA/> (consulta: 12/10/2024).

15. Peio Riaño: «El museo del futuro se despide de las exposiciones de masas», *El País*, 14/4/2020, en línea: <https://elpais.com/cultura/2020-04-13/el-museo-del-futuro-se-despide-de-las-exposiciones-de-masas.html> (consulta: 14/10/2024).

16. Antonio Lucas: «Adiós a la época de los museos monumentales y de las exposiciones gigantes», *El Mundo*, 11/12/2020, en línea: <https://www.elmundo.es/cultura/arte/2020/12/12/5fd0d0acfc6c83a1588b464d.html> (consulta: 14/10/2024).

17. Antonio Lucas: «Adiós a la época de los museos monumentales y de las exposiciones gigantes», *El Mundo*, 11/12/2020, en línea: <https://www.elmundo.es/cultura/arte/2020/12/12/5fd0d0acfc6c83a1588b464d.html> (consulta: 14/10/2024).

una nueva institucionalidad. [Y también indicaba que] los museos del futuro (inmediato) tendrán que ser mucho más solidarios, trabajar conectados, que no quiere decir a modo de franquicias, sino compartiendo conocimientos e ideas. Tendrán que repensar sus espacios como aquellos lugares en los que se aprende colectivamente.[18]

Los artículos académicos también insistían en una línea similar. La digitalización parecía definitiva y los museos post-COVID-19 serían una combinación de lo físico y lo digital, más sociales y menos basados en la espectacularización (Goodman, 2022). Estábamos ante un nuevo futuro, ante una revolución museística (Moon, 2020) de la que nacería un nuevo modelo de museo que sería más social, más tecnológico, más sostenible y centrado en la comunidad.

Cuatro años después, no parece que los museos hayan emprendido ese camino, esa *revolución* que los volvería mucho más sociales. Las cifras de visitantes, el número de exposiciones de gran tamaño o la creación de nuevos museos no solo no se han mantenido, sino que vuelven a incrementarse y a conseguir cifras récords. No parece que haya emergido un nuevo paradigma de museo (Arrieta, Roigé y Seguí, 2023). Como dice Peio Riaño, «la utopía que planteaba reflexionar sobre los modelos museísticos agotados y mirar las muestras desde la investigación más que desde la espectacularidad apenas duró los meses del confinamiento. La sostenibilidad se hunde bajo estos números de gasto en exposiciones temporales, a pesar de haber sido encumbrada en la nueva definición de museo aprobada por el ICOM».[19]

A pesar de los esfuerzos de muchos museos para aparecer como sostenibles, lo cierto es que muchos museos aparecen más bien ante la opinión pública como poco comprometidos con la sostenibilidad y con sus compromisos sociales. Albarrán (2019) sugiere que muchos de los museos de arte contemporáneo en España se han vuelto más bien «insostenibles» no solo en cuanto a sus objetivos, sino también comprometiendo su viabilidad futura. ¿Son verdaderamente algunos museos insostenibles? Sobre todo en el caso de los grandes museos, algunas de sus prácticas aparecen ante la opinión pública como escasamente comprometidos con la sostenibilidad

---

18. Antonio Lucas: «Adiós a la época de los museos monumentales y de las exposiciones gigantes», *El Mundo*, 11/12/2020, en línea: <https://www.elmundo.es/cultura/arte/2020/12/12/5fd0d0acfc6c83a1588b464d.html> (consulta: 14/10/2024).

19. Peio Riaño: «La 'oportunidad perdida' de los museos públicos que vuelven a apostarlo todo al modelo del 'taquillazo'», *El Diario*, 11/11/2022, en línea: <https://www.eldiario.es/cultura/oportunidad-perdida-museos-publicos-vuelven-apostarlo-modelo-taquillazo_1_9304006.html> (consulta: 12/09/2024).

y como instituciones más bien al servicio del turismo, de la captación de recursos, y cada vez más lejos de las comunidades locales a las que dicen servir.

En este sentido, podemos señalar cinco elementos que ponen en cuestión la sostenibilidad de los museos, especialmente en los grandes y de mayor proyección internacional:

1. Incremento de públicos. Tras la disminución de los visitantes por la CO-VID-19, en el momento de la redacción de este artículo todo indica que en 2024 se superarán ampliamente las cifras del 2019,[20] lo que ha supuesto que algunos grandes museos –como el Louvre o el Van Gogh– se propongan fijar un tope diario de visitantes.[21] Este continuo incremento genera numerosos problemas de sostenibilidad, tanto en relación con los costes de mantenimiento y operación[22] como por su impacto en el patrimonio (daños a las colecciones y edificios),[23] y en el incremento de la huella de carbono motivado por el mayor consumo de energía y recursos. Pero, sobre todo, la sobrecarga de visitantes deteriora la calidad de la experiencia de la visita, además de provocar una subida de los precios, lo que se traduce en una menor accesibilidad para la población local, especialmente para los sectores más desfavorecidos.[24] Y, por otra parte, el incremento de los públicos contribuye al crecimiento del turismo. ¿Deberían plantearse los grandes museos un decrecimiento de sus públicos? ¿Debe ser ese crecimiento ilimitado?

2. El transporte de obras de arte y la realización de grandes exposiciones internacionales. El transporte de los objetos museales, especialmente cuando se realiza por avión, genera una cantidad considerable de emisiones de dióxido

---

20. «Exclusive: international museum attendance figures back to pre-pandemic levels», *The Art Newspaper*, 17/3/2024, en línea: <https://www.theartnewspaper.com/2024/03/17/museum-visitor-numbers-recover-from-pandemic-related-falls> (consulta: 14/10/2024).

21. Isabel Ferrer: «La limitación de entradas en los museos se expande en Europa», 9/10/2024, en línea: <https://elpais.com/cultura/2024-10-09/la-limitacion-de-entradas-en-los-museos-se-expande-en-europa.html> (consulta: 14/10/2024).

22. Christofe Garthe: «Gestión de la sostenibilidad en los museos: Un nuevo enfoque para implementar los Objetivos de Desarrollo Sostenible», *ICOM Voices*, 4/11/2020, en línea: <https://icom.museum/es/news/gestion-de-la-sostenibilidad-en-los-museos-un-nuevo-enfoque-para-implementar-los-objetivos-de-desarrollo-sostenible/> (consulta: 14/10/2024).

23. «El 99% de los museos del mundo tiene problemas para conseguir visitantes», *La Vanguardia*, 24/7/2019, en línea: <https://www.lavanguardia.com/cultura/20190724/463686637534/guillermo-solana-director-thyssen-museos-problemas-visitantes.html> (consulta: 14/10/2024).

24. Martin Müller y Julie Grieshaber: «La estrella de la sostenibilidad: un modelo para los museos», *ICOM Voices*, 16/1/2023, en línea: <https://icom.museum/es/news/la-estrella-de-la-sostenibilidad-un-modelo-para-los-museos/> (consulta: 14/10/2024).

de carbono (CO_2), a lo que deben añadirse los efectos asociados a la producción y eliminación de los embalajes especializados para su protección durante el transporte. Además, la construcción de exposiciones temporales a menudo implica el uso de materiales desechables o de un solo uso que generan una cantidad considerable de residuos que deben ser gestionados adecuadamente.[25] A pesar de las estrategias que siguen los museos para reducir estos impactos (medios de transporte, uso de materiales reciclables, etcétera), ¿podría irse más lejos y plantearse la necesidad de reducir este tipo de exposiciones?

3. Internacionalización *versus* comunidad local. Albarrán (2019) critica que muchos museos priorizan la programación internacional y la espectacularidad, a menudo en detrimento de las agendas y artistas locales. Eso comporta con frecuencia un modelo de gestión que se centra en la atracción de turistas y la proyección internacional, lo que puede implicar que las comunidades locales vean con recelo estos museos.

4. Museos globalizados. Los museos franquicia o satélites –como el Museo Guggenheim-Bilbao, el Louvre Abu Dabi o el Centre Pompidou x West Bund Museum en Shanghái– han generado numerosos debates –sobre el hecho de que estos museos priorizan el aspecto comercial sobre el valor artístico y educativo (Linares, 2022)–.[26] Estas *marcas* museísticas son producto de los cambios que han experimentado en las últimas décadas los museos y que han configurado su papel como agentes sociales, y de la influencia de la globalización, que ha alterado el paradigma de la esencia de lo que constituyen los museos, y, en última instancia, su nuevo papel como agentes diplomáticos. El enfoque en atraer turistas y generar ingresos lleva a una programación que favorece lo espectacular y popular en lugar de lo culturalmente significativo, con procesos de colonización cultural.[27] Como señalaba Iñaki Esteban (2007) a propósito del caso del

---

25. «El cambio climático en el mundo del arte, los museos y el patrimonio», *El dado del arte*, 10/1/2020, en línea: <https://www.eldadodelarte.com/2020/01/10/el-cambio-climatico-en-el-mundo-del-arte-los-museos-y-el-patrimonio/>.

26. Alejandra Linares: «Historia de dos ciudades: la Tate Liverpool y el Guggenheim Helsinki en el ámbito de los museos satélite», *ICOM Voices*, 18/12/2023, en línea: <https://icom.museum/es/news/historia-de-dos-ciudades-tate-liverpool-y-el-guggenheim-helsinki/>.

27. Pablo Jiménez (2015): «El modelo franquicia en los grandes museos: ¿arte o sólo negocio?», *Economía Digital*, 15/5/2015, en línea: <https://www.economiadigital.es/tendenciashoy/destinos/el-modelo-franquicia-en-los-grandes-museos-arte-o-solo-negocio_12825_102.html> (consulta: 14/10/2024).

Museo Guggenheim-Bilbao, los objetivos últimos de estos museos –atraer turistas– precisan una arquitectura llamativa, espectacular, al mismo tiempo que centran la mayor parte de sus esfuerzos en comercializar su oferta y no tanto en valorizar su parte artística. Los museos franquicia son la parte más llamativa de este proceso de globalización de los museos, pero hay otras muchas nuevas formas, canales y narrativas de diplomacia cultural que emergen en las relaciones entre museos, con múltiples narrativas museísticas que transforman la diplomacia museística de una actividad estratégica bilateral (Grincheva, 2019). ¿Son estos museos la antítesis de los museos de carácter más social?

5. Construcción de grandes edificios, desarrollo urbanístico y gentrificación. La creación de grandes edificios de museos tiene también un impacto significativo en la sostenibilidad, el urbanismo y la gentrificación. Aunque los grandes museos pueden actuar como catalizadores para la revitalización urbana, atrayendo a turistas y fomentando el desarrollo económico en áreas deterioradas y el impacto de mejoras en la infraestructura urbana, estos edificios generan con frecuencia el incremento del valor de las propiedades en la zona, lo que puede llevar a un aumento en el coste de la vida y la expulsión de residentes de bajos ingresos.[28] La paradoja, en muchos casos, es que estos modernos edificios son presentados como ejemplos de edificios sostenibles en términos energéticos, como el Museu do Amanhã en Río de Janeiro, el propio Museo Guggenheim-Bilbao, el Prehistory Museum de Jeongok en Corea, el Salvador Dalí Museum en San Petersburgo (Florida) o incluso el Louvre Abu Dabi. Pero más allá de su eficiencia energética, como señala Martínez, «esas arquitecturas de la cultura del espectáculo para el turismo global resultan insostenibles en la actualidad por sus altos costes de mantenimiento, así como difícilmente compatibles con las funciones de un museo que acoge y cuida» (2022: 383).

Las contradicciones entre las proclamas a favor de la sostenibilidad de algunos de los grandes museos y su práctica cotidiana cuestionan el compromiso de los museos con la sostenibilidad. En cierta manera, estos museos se caracterizan por una instrumentalización de la cultura (Arrieta, 2021), buscando una mayor rentabilidad.

---

28. Julio Alexander González: «Los museos se enfrentan al reto de la sostenibilidad», *The conversation*, 10/5/2023, en línea: <https://theconversation.com/los-museos-se-enfrentan-al-reto-de-la-sostenibilidad-202583> (consulta: 14/10/2024).

Aunque sin duda debe reconocerse el esfuerzo de las instituciones museísticas para crear iniciativas y ser más sostenibles, especialmente en el campo energético, hay que considerar que ser sostenible va mucho más allá de eso: implica la necesidad de ser actores creíbles de la sostenibilidad.

Al respecto, Serge Latouche (2021) va más lejos, al señalar la necesidad de que los museos inicien un proceso de decrecimiento. Para él, «la cultura es lo que debe permitir escapar del imperialismo de la economía que está haciendo estragos en la sociedad moderna. La hipertrofia económica reduce la esfera cultural al mínimo y la distorsiona mercantilizándola» (2021:6).

MUSEOS SOSTENIBLES. LO PEQUEÑO ES HERMOSO

En 1973, Ernst Friedrich Schumacher (trad. 1978) sostenía que necesitamos una profunda reorientación de los objetivos de nuestra economía y nuestra técnica para ponerlas al servicio –y a la escala– del hombre. En su visión, el uso adecuado de los recursos humanos y naturales, la problemática del desarrollo y las formas de organización y propiedad empresarial señalaban la necesidad de volver la vista a lo pequeño, más sostenible, *más hermoso*. El concepto *small is beautiful* se utilizaba para defender lo pequeño, entendiendo que así se faculta mejor a las personas y a las sociedades para conseguir un mejor equilibrio social. Si aplicamos este concepto a los pequeños museos, obtenemos la clave de una sostenibilidad que ya forma parte de la historia de estos museos y de su propio ADN. Frente al modelo «insostenible» que hemos descrito en el apartado anterior, los museos de carácter local tienen un compromiso mucho mayor con la sostenibilidad.

La nueva museología, nacida a fines de los años sesenta, ya contemplaba la idea de que los museos debían contribuir a la sostenibilidad, aunque entonces este concepto aún no había nacido, al enfatizar la interrelación entre los museos y las comunidades locales. En esta corriente teórica, los museos dejaban de ser los guardianes de objetos para actuar como agentes de cambio social y ambiental, lo que incluye la promoción de prácticas sostenibles y la educación sobre temas ambientales (Fuquene, Blanco y Weil, 2019). Como es conocido, la ecomuseología ha tenido como centro de su razón de ser el hecho de involucrar a la comunidad en la gestión y preservación de su patrimonio cultural y natural (De Varine, 2012). Podríamos considerar, de esta forma, que en museología el concepto de desarrollo sostenible es una evolución teórica del concepto de desarrollo local y cultural, que señalaba la necesidad de proponer desde los museos un desarrollo armónico en los aspectos ambiental, cultural, social y económico. La nueva museología estaba asociada principalmente a la influencia del pensamiento ecologista y a los movimientos reformistas democratizadores de los años sesenta y setenta, y a la crítica sostenida sobre la ausencia de vínculos efectivos con la comunidad (Marsal, 2012).

La continuidad teórica entre los modelos propuestos por la nueva museología y la sostenibilidad ha sido señalada por numerosos autores (Fuquene, Blanco y Weil, 2019; Moutinho, 2012; Porcedda, 2021; Navajas, 2022), pero esta continuidad ha tenido poca proyección práctica en el momento de planificar las acciones estratégicas de los museos en cuanto a sostenibilidad, como si fuese algo absolutamente nuevo para los museos. Al respecto, tres aspectos de la nueva museología nos parecen relevantes: 1) la conexión teórica entre la idea implícita de la ecomuseología –para el ámbito europeo– y de los museos integrales y comunitarios –para los museos latinoamericanos– del museo como agente de desarrollo local y de desarrollo sostenible; 2) la semejanza entre la noción de las tres esferas de actuación del museo presente en la ecomuseología (medio ambiente, territorio y comunidad) y los tres pilares de la sostenibilidad (ambiental, económica y social), que trabajan juntos para asegurar que las acciones y decisiones actuales no comprometan la capacidad de las futuras generaciones para satisfacer sus propias necesidades; 3) la noción de gestión participativa, que incluye la idea de participación social en la gestión de las instituciones museísticas propuesta ya adoptada por la ecomuseología y la museología comunitaria, y que se traduce en la incorporación de la idea de la gestión participativa en la sostenibilidad para que las decisiones y acciones sean inclusivas y reflejen las necesidades y deseos de la comunidad. Así, la Agenda 21 promueve la sostenibilidad ambiental local a través de la participación de los ciudadanos en la planificación y ejecución de proyectos (García Montes y Arnanz, 2019). De la misma forma que los museos comunitarios en Latinoamérica se basan en la idea de la comunidad para adoptar las decisiones políticas en cuanto al funcionamiento del museo, la gestión participativa que se deriva de la noción de sostenibilidad fomenta la cocreación de soluciones sostenibles.

Esta continuidad teórica debe ser remarcada, porque facilita la introducción de la sostenibilidad en los museos de carácter local o medio. El concepto de sostenibilidad cultural, que antes hemos definido, es muy apropiado para estos museos, por la contribución que pueden realizar los museos al desarrollo de la comunidad, para lo que resulta imprescindible el conocimiento de sus comunidades (De Carli, 2004). Como señala François Mairesse, cada museo podrá ocuparse de la sostenibilidad garantizando la supervivencia de sus edificios, colecciones, recursos financieros y apoyo político, pero los museos también deben «desempeñar un papel importante en el sostenimiento de las economías locales, el capital cultural y natural local y las comunidades locales» (2022: 521).

COMPROMETERSE CON LA SOSTENIBILIDAD

¿Qué acciones realizan o podrían realizarse desde los museos en pro de la sostenibilidad? Comprometerse con la sostenibilidad no debe ser un ejercicio de maquillaje de las instituciones museales, sino sobre todo una planificación estratégica que debe estar en sus principios organizativos y en sus planes de acción. Tampoco basta la adopción de medidas ambientales, que evidentemente deben considerarse: es necesaria una mirada del museo hacia sus principios sociales.

Enumeremos, de forma breve, algunas de las acciones que pueden llevar a cabo los museos al respecto, señalando algunas reflexiones y ejemplos de casos concretos:

1. Implementación de los principios de la sostenibilidad cultural. Se trata de conseguir un equilibrio entre las comunidades e instituciones culturales, dando a las comunidades una capacidad para tomar decisiones sobre su patrimonio y su desarrollo (Mason y Turner, 2020), para poder preservarlo de acuerdo con las comunidades, propiciando el contacto entre la ciudadanía y los profesionales (Selter y Jok, 2024). Tomar como punto de partida la noción de sostenibilidad cultural permite adaptar mejor los principios de la sostenibilidad a los museos, puesto que estos principios son tal vez excesivamente generalistas para su uso en los museos (Spaiser et al., 2017).

2. Activismo climático. Es generalmente la cara visible de los museos respecto a la sostenibilidad, con acciones respecto al ahorro de energía, la iluminación, la gestión de residuos y la neutralidad climática. En los museos pequeños, estas acciones son menos aparentes que en los grandes museos, y su implementación supone con frecuencia unos costes de difícil asunción. No obstante, dos tipos de pequeñas acciones permiten a los museos posicionarse públicamente como instituciones responsables. Por una parte, la realización de exposiciones y programas educativos centrados en el cambio climático, como: *Plàstic* en el Museu Terra en L'Espluga de Francolí y Barcelona;[29] *Vie d'ordures* (*Vidas de basuras*) en el Musée de la Civilisation

---

29. <https://museuterra.cat/plastic-edu/> (consulta: 01/11/2024).

d'Europe et la Mediterranée en Marsella;[30] *Arte y cambio climático* en el Museo Nacional Thyssen-Bornemisza,[31] que buscaba reflexionar sobre la destrucción del medio ambiente a través del arte; *Tic tac, el cambio climático es ahora* en el Museo de Memoria y Tolerancia de México;[32] o *Temperatura ambiente* en el Museo Jumex de México.[33] El segundo tipo de acciones, más conocida, son los compromisos del museo para la reducción de la huella de carbono, adoptando medidas en relación con aspectos climáticos o el tipo de materiales utilizados.

3. Espacios de concienciación. La necesaria comprensión de los imperativos que impulsan a los activistas del cambio climático a utilizar los museos y las galerías de arte como lugares de protesta suponen un auténtico reto a los museos (Salinas, 2023), que de alguna forma deben apoyar y promulgar una comunicación transformadora con un compromiso con las preocupaciones contemporáneas. La organización de exposiciones o de actividades concretas son algunas de las acciones que los museos pueden realizar. Estas propuestas podrían ser coordinadas a través de redes de museos, como en el caso de los museos australianos que presentan Spencer-Cooke et al. (2024), de manera que la acción colaborativa puede ser una solución para los pequeños museos.

4. Conservación sostenible. Una «conservación verde» implica un replanteamiento de las políticas del museo, tanto en cuestiones técnicas (reducción de la climatización, sistemas de transporte de los objetos, materiales utilizados para la restauración, etcétera), como sobre todo en cuanto al propio concepto de las propias colecciones. ¿Hay que conservarlo todo? ¿Qué debe conservarse? ¿Cómo deben ser las nuevas colecciones sobre nuestra sociedad de cara al futuro? ¿La conservación siempre debe ser física o también puede realizarse de forma digital? Las nuevas tecnologías ofrecen nuevas posibilidades de preservación de la memoria en formato digital, lo que implica no solo una reducción de costes y de espacios, sino una concepción

---

30. <https://www.mucem.org/media/297> (consulta: 01/11/2024).

31. <https://www.museothyssen.org/visita/recorridos-tematicos/arte-cambio-climatico> (consulta: 01/11/2024).

32. Josep Rodríguez: «Tic tac, el cambio climático es ahora»: una exposición que llama a la acción», *Expansión*, 28/5/2022, en línea: <https://expansion.mx/mundo/2022/05/28/tic-tac-el-cambio-climatico-museo-memoria-tolerancia> (consulta: 01/11/2024)

33. <https://www.fundacionjumex.org/es/exposiciones/203-coleccion-jumex-temperatura-ambiente> (consulta: 01/11/2024).

distinta de la colección. Ya en 2001, Jacques Hainard (2007) señalaba que «hay que superar la obsesión acumulativa de los museos», reflexionando sobre los criterios que llevan a los museos a conservar ilimitadamente. Más recientemente, Latouche afirma que «una sociedad postcrecimiento, sin duda, tenderá a reducir la obsesión por la acumulación y la conservación de nuestras sociedades» (2021: 43).

5. Adaptación digital. Durante la pandemia se puso de manifiesto las posibilidades de la comunicación de los contenidos a través del espacio virtual. La realización de museos y exposiciones virtuales (Soulier y Roigé, 2022) constituye un mecanismo relevante para nuevos proyectos museísticos. La virtualidad, de alguna manera, nos conduce a un decrecimiento de los espacios físicos, además de propiciar una mayor participación social en los contenidos. La experiencia de los museos virtuales de Canadá nos ofrece pistas de cómo los museos locales pueden desarrollar acciones para la preservación de su patrimonio a bajo coste y con una gran eficacia comunicativa.[34] El proyecto *Prometheus.Museum* sobre las fiestas del fuego del Pirineo, inscritas en la Lista Representativa del Patrimonio Inmaterial de la UNESCO, es un ejemplo de las posibilidades de los museos virtuales, en este caso en relación con el patrimonio inmaterial.[35] La digitalización también posibilita la preservación de colecciones, al poder convertir documentos y objetos físicos en formatos digitales, lo cual no solo protege los originales de daños adicionales, sino que también facilita el acceso y la investigación. La realización de gemelos digitales (réplica virtual exacta de un objeto, edificio o incluso un museo completo (Sans y Costa, 2023)) abre la puerta también a nuevos conceptos de colección, lo que tiene ventajas para prever la conservación de los objetos, pero que también permite a los museos pensar en otras formas de exposición. La digitalización abre la puerta a una democracia cultural al permitir el acceso a colecciones que de otro modo serían inaccesibles. La UNESCO ha desarrollado también directrices para la selección y conservación del patrimonio digital a largo plazo de forma sostenible.[36]

34. Digital Museums Canada, en línea: <https://www.digitalmuseums.ca> (consulta: 01/11/2024).
35. <https://prometheus.museum> (consulta: 01/11/2024).
36. <https://unesdoc.unesco.org/ark:/48223/pf0000244280_spa> (consulta: 01/11/2024).

6. Museos colaborativos. La museología colaborativa se centra en la inclusión y el diálogo entre los museos y las comunidades a las que sirven, buscando que los museos no sean solo espacios de exposición, sino también espacios de interacción y participación de diferentes grupos sociales. Las exposiciones, de esta forma, se realizan de forma colaborativa, a partir de los objetos donados por personas de la propia comunidad o incluso mediante el co-comisariado.[37] Para conseguirlo es necesario revisar algunas nociones que se dan por sentadas, como la comunidad, la participación y la colaboración, que pueden pasar por alto la complejidad de las identidades. Es necesario ir más allá de las nociones superficiales de lo políticamente correcto, porque las comunidades son una masa viva, fluida y cambiante de personas (Golding y Modest, 2013; Le, 2025), para pasar del compromiso simbólico al real. Algunos ejemplos de exposiciones realizadas con cocomisariado son el Proyecto Multaka-Oxford del Pitt Rivers Museum de Oxford, que involucra a refugiados como guías turísticos, compartiendo sus perspectivas e historias relacionadas con las colecciones del museo[38] o el proyecto de cocreación Endeavour Galleries en el National Maritime Museum de Londres,[39] que implicó una amplia colaboración con varios grupos comunitarios para cocomisariar exposiciones, asegurando un contenido diverso y representativo. Ejemplos de museología colaborativa son también la exposición de la Gallerie des dons en el Musée National de l'Immigration, en París, que exponía donaciones de objetos referidas a la vida de inmigrantes,[40] o el Museum of Broken Relationships, creado a partir de donaciones de parejas que se han separado.[41]

7. Salir de los muros del museo. Bajo la noción de *hors les murs* se valoran e incluyen un buen número de acciones con un claro objetivo democratizador de la cultura y, en particular, las operaciones realizadas por los museos en lugares públicos como estaciones de tren, grandes almacenes, residencias de ancianos, hospitales, prisiones, teatros, archivos o incluso en plena calle.

37. Alex Stevens: «Better together. How co-curation can work for museums», *Museum Journal*, 15/5/2019, en línea: <https://www.museumsassociation.org/museums-journal/in-practice/2019/05/15052019-better-together-co-curation/#> (consulta: 01/11/2024).

38. <https://www.prm.ox.ac.uk/multaka-oxford> (consulta: 01/11/2024).

39. <https://www.cassonmann.com/projects/endeavour-galleries> (consulta: 01/11/2024).

40. <https://www.histoire-immigration.fr/agenda/2016-03/la-galerie-des-dons> (consulta: 01/11/2024).

41. <https://brokenships.com> (consulta: 01/11/2024).

Durante la pandemia muchos museos impulsaron acciones para llevar sus obras, reproducciones o monitores a centros escolares, hospitales y residencias. Fue muy conocido el caso del *tour* de reproducciones de Weemer del Rijkmuseum por hospitales y residencias de ancianos durante la pandemia,[42] en un compromiso social de llevar el arte al público que sufre, demostrando su poder terapéutico, pero hay numerosos ejemplos válidos como las actividades realizadas por los museos en escuelas durante la pandemia, las maletas didácticas para escuelas y centros de formación de adultos del Museu de Ciències Naturals de Barcelona,[43] o las maletas del Museo Nacional de Ciencias Naturales[44] o la idea de los museos ambulantes.[45]

8. Descolonizarse. La existencia de numerosos elementos de la cultura material lejos de las comunidades de origen en las colecciones de los museos occidentales sigue teniendo un impacto negativo en el bienestar cultural, las identidades y las conexiones culturales de muchas personas en países donde los intentos bien intencionados de apoyar el «desarrollo» por parte de actores externos no logran marcar la diferencia positiva prevista (Tiako Djomatchoua, 2023). Conviene, como señala Fackler (2023), que los museos repiensen su propósito y replanteen sus metas desde los objetivos tradicionales de investigación y educación hacia roles sociales proactivos que aborden los problemas sociales en sus comunidades inmediatas. Por una parte, la descolonización de los museos implica un proceso de revisión y transformación de sus colecciones, narrativas y prácticas para reconocer y corregir las injusticias históricas y las perspectivas coloniales, como el Africa Museum de Bruselas,[46] o la incorporación de artistas contemporáneos para revisar la esclavitud en el Museo Nacional de Antropología de Madrid.[47] Y, por otra parte, abre la puerta a la restitución de colecciones, como han

---

42. \<https://www.rijksmuseum.nl/en/press/vermeer-also-on-display-at-nursing-and-seniorretirement-homes\> (consulta: 01/11/2024).

43. \<https://edunat.museuciencies.cat/inclusio/museu-ambulant/\> (consulta: 01/11/2024).

44. \<https://www.mncn.csic.es/es/visita-el-mncn/educacion/el-museo-va-la-escuela\>(consulta: 01/11/2024).

45. \<https://museeambulant.com\> (consulta: 01/11/2024).

46. \<https://www.africamuseum.be/en\> (consulta: 01/11/2024).

47. Ministerio de Cultura: «Miguel Ángel García. El gran experimento. ¿El fin de la esclavitud?», en línea: \<https://www.cultura.gob.es/mnantropologia/actividades/agenda/2022/exposicionestemporales/el-gran-experimento.html\> (consulta: 01/11/2024).

hecho el Musée du Quai Branly-Jacques Chirac de París[48] o el Weltkulturen Museum de Fráncfort.[49] Estos ejemplos muestran cómo los museos pueden adoptar una «ética cultural» que incluye la devolución de objetos expoliados, la incorporación de nuevas narrativas y la colaboración con comunidades originarias para reinterpretar y resignificar sus colecciones.

9. Espacios de bienestar. Los museos son solo lugares para la preservación y exhibición de arte y cultura, también se están convirtiendo en centros que deben promover el bienestar emocional de sus visitantes. Aspectos como la salud mental, la inclusión social, el uso del arte como terapia y la educación y el desarrollo personales son aspectos que abren nuevas perspectivas a los museos, reforzando su proyección social. En Quebec, el Musée des Beaux Arts de Montreal lanzó un proyecto original que consistía en que los médicos podrían prescribir visitas gratuitas, de acuerdo con la Association de Médecins Francophones.[50] El proyecto Art Gran en Barcelona es una iniciativa diseñada para reducir la soledad y mejorar la calidad de vida de las personas mayores a través de talleres de arte en museos y centros culturales de la ciudad. Los participantes son personas de más de setenta años seleccionadas por profesionales de atención primaria, servicios sociales y espacios de salud de los barrios, mediante sesiones en las que los participantes se involucran en actividades artísticas.[51] Otros ejemplos similares son: la oferta del MOMA para personas con alzhéimer y sus cuidadores;[52] el programa *Museums on Prescription* en el Reino Unido, que conecta a personas con problemas de salud mental con museos locales a través de «recetas sociales»;[53] o el programa *Art for the Heart* en Toronto, que ofrece talleres de arte para personas que han experimentado traumas o que están en proceso de recuperación.[54] La apertura del museo a estas otras funciones ofrece una oportunidad para proyectarse socialmente y utilizar sus espacios con otros fines.

---

48. <https://www.quaibranly.fr/fr/expositions-evenements/au-musee/expositions/details -de-levenement/e/benin-la-restitution-de-26-oeuvres-des-tresors-royaux-dabomey-39199> (consulta: 01/11/2024).

49. <https://www.weltkulturenmuseum.de/en/museum/news/?news=repatriierung-en> (consulta: 01/11/2024).

50. <https://www.mbam.qc.ca/fr/actualites/prescriptions-museales/> (consulta: 03/11/2024).

51. <https://www.aspb.cat/es/documentos/artgran/> (consulta: 01/11/2024).

52. <https://www.moma.org/visit/accessibility/meetme/> (consulta: 01/11/2024).

53. <https://www.ucl.ac.uk/culture/projects/museums-on-prescription> (consulta: 01/11/2024).

54. <https://www.wearearttheheart.org> (consulta: 01/11/2024).

Conclusiones

A lo largo de las páginas anteriores, hemos podido ver el papel de los museos en cuanto a la sostenibilidad, pero también sus contradicciones. Es difícil hablar de los museos en general, porque mientras que algunos museos parecen avanzar hacia prácticas poco sostenibles –a pesar de sus discursos–, muchos otros están muy comprometidos con la sostenibilidad. Para conseguir un mayor compromiso con esta, los museos deberán dirimir el conflicto de intereses entre la búsqueda de modelos neoliberales y su compromiso social.

Tres aspectos nos parecen esenciales. En primer lugar, insistir en que los museos, como señala Janes, «están suficientemente cualificados para abordar el cambio climático por diversas razones, además de su profunda visión del paso del tiempo. Están anclados en sus sociedades; son un puente entre la ciencia y la cultura; testifican reuniendo pruebas y conocimientos que tienen la responsabilidad de dar a conocer» (2020: 587). Y añade que los museos «son conservatorios de prácticas sostenibles que han guiado a nuestra especie durante milenios; son hábiles para hacer que el aprendizaje sea accesible, atractivo y divertido, y finalmente, se encuentran entre los entornos de trabajo más libres y creativos del mundo» (2020: 587). En este sentido, la experiencia teórica procedente de la nueva museología nos ofrece pistas sobre cómo deben los museos abordar este desafío.

En segundo lugar, el hecho de que la introducción de la sostenibilidad en los museos no pueda ser un simple maquillaje, sino que ha de ser creíble y profunda. Son muchas las contradicciones que se presentan, entre ellas la existencia de un buen número de museos –y tal vez los más visibles– que nos llevan a un crecimiento insostenible (Merriman, 2008). Latouche (2021: 5-6), retomando la frase que Dostoievski pone en boca del príncipe Myskin: «la belleza salvará al mundo», reflexiona sobre las contradicciones de los museos –en especial de los de arte–, para comprometerse plenamente con la sostenibilidad. ¿Salvará la belleza de los museos al mundo? Afirma que «hay nostalgia y esperanza en esta fórmula: nostalgia por un mundo perdido y esperanza en que podremos salir de él a pesar de todo». Pero, como afirma este autor, existen profundas contracciones: algunos hombres de negocios, «cuando oyen que la belleza salvará al mundo, la compran inmediatamente. De esta manera, creen que están salvando al mundo de la destrucción que ellos mismo han causado, o al menos dando la ilusión de ello [...]». Son desafíos y contradicciones en la evolución de los museos en nuestro presente.

En tercer lugar, debe plantearse incluso un escenario de decrecimiento de los museos. El propio Latouche (2021) habla de la necesidad de cuestionar el funcionamiento de los museos a largo plazo, y propone 8 R o líneas básicas de una política de decrecimiento de los museos (reevaluar, reconceptualizar, reestructurar, redistribuir, reducir, relocalizar, reciclar y reutilizar). Otros autores, como Morgan y Macdonald (2021), insisten en que los museos deben abordar un decrecimiento reconsiderando no solo sus colecciones, sino también la idea del museo en sí mismo como una forma de crear un futuro patrimonial más sostenible. El decrecimiento no implica una reducción de presupuestos ni una pérdida del papel social de los museos, al contrario, supone la necesidad de una profunda reflexión sobre el papel de estas instituciones en el futuro (Morgan y Macdonald, 2021) y su renuncia a una expansión indefinida. Es necesaria una revisión de la filosofía que subyace tras el coleccionismo de museos y examinar si esta todavía nos sirve, porque la ampliación ilimitada de las colecciones aumenta la carga de gestión para las generaciones futuras (Merriman, 2008).

Sometidos a enormes presiones, entre dos placas tectónicas que comportan dos visiones casi antagónicas de los museos, los museos están en condiciones de abordar los retos de la sostenibilidad, pero deberán revisar profundamente sus esquemas organizativos, su cultura organizativa, incluso el propio concepto de colección. Retomar y profundizar algunos principios teóricos que forman parte de la museología social puede ser un buen antídoto para las tentaciones de un crecimiento ilimitado que la presión neoliberal pretende imponer en los museos. Solo así los museos serán vistos por la población como instituciones creíbles en cuanto a la sostenibilidad.

BIBLIOGRAFÍA

ALBARRÁN, Juan (2022): *Disputas sobre lo contemporáneo: Arte español entre el antifranquismo y la postmodernidad*, Madrid, Producciones de Arte y Pensamiento.

ARRIETA-URTIZBEREA, Iñaki (ed.) (2021): *Museos en transformación*, Leioa, Universidad del País Vasco / Euskal Herriko Unibertsitatea.

ARRIETA-URTIZBEREA, Iñaki; Xavier ROIGÉ y Joan SEGUÍ (eds.) (2023): *Pandemia, patrimonio cultural inmaterial y museos: de la parálisis a la activación e innovación*, Leioa, Universidad del País Vasco / Euskal Herriko Unibertsitatea.

AUCLAIR, Elizabeth y Graham FAIRCLOUGH (2015): *Theory and practice in heritage and sustainability: Between past and future*, Londres / Nueva York, Routledge.

DE VARINE, Hugues (2012): «Reflexiones a 40 años de la Mesa de Santiago», *Revista Museos* 31, pp. 4- 6.

DE CARLI, Georgina (2004): «Vigencia de la Nueva Museología en América Latina: conceptos y modelos», *Revista Abra* 24(33), pp. 55-75.

ESTEBAN, Iñaki (2007): *El efecto Guggenheim. Del espacio basura al ornamento*, Barcelona, Anagrama.

FACKLER, Guido (2023): «Sustainability as a Driving Force: Perspectives on Museums in Germany as Social Actors». *Museum International* 75(1-4), pp. 178-193.

FÚQUENE, Laura; Gustavo BLANCO y Karin WEIL (2019): «Redefiniendo la sostenibilidad desde una perspectiva situada: desafíos de museos comunitarios del sur de Chile», *Polis* 53, pp. 192-218.

GARCÍA-MONTES, Néstor y Luis ARNANZ (2019): «Metodologías participativas para la planificación de la sostenibilidad ambiental local. El caso de la Agenda 21», *Empiria. Revista de Metodología de las Ciencias Sociales* 44, pp. 109-133.

GARCÍA-MONTES, Néstor y Luis ARNANZ (2019): «Metodologías participativas para la planificación de la sostenibilidad ambiental local. El caso de la Agenda 21», *Empiria. Revista de Metodología de las Ciencias Sociales* 44, pp. 109-133.

GOLDING, Viv y Wayne MODEST (eds.) (2013): *Museums and communities: Curators, collections and collaboration*, Londres, Bloomsbury.

GOODMAN, Cynthia (2022): «The Future of Museums: The Post-Pandemic Transformation of Experiences and Expectations», en Gali Einav (eds.): *Transitioning Media in a Post COVID World. The Economics of Information, Communication, and Entertainment*, Nueva York, Springer, pp. 115-127.

GOUDA, Sushanto et al. (2018): «Revitalization of plant growth promoting rhizobacteria for sustainable development in agricultura», *Microbiological Research* 206, pp. 131-140.

GRINCHEVA, Natalia (2019): *Global Trends in Museum Diplomacy: Post-Guggenheim Developments*, Londres, Routledge.

HAINARD, Jacques (2007): «L'expologie bien tempérée». *Quaderns-e de l'Institut Català d'Antropologia* 9, en línea: <https://raco.cat/index.php/QuadernseICA/article/view/73512>.

JANES, Robert (2020): «Museums in perilous times», *Museum Management and Curatorship* 35(6), pp. 587-598.

LATOUCHE, Serge (2021): «Muséologie et décroissance», *La Lettre de l'OCIM. Musées, patrimoine et culture scientifiques et techniques* 196, pp. 38-43.

LE, Chuan (2025): *Collaborating for museum innovation. Technological, Cultural, and Organisational Innovation in Spanish Museums*, Nueva York, Routledge.

LINARES, Alejandra (2022): «Cultural Franchises or Franchising Cultures? The Case of the Hermitage Barcelona», *Museum International* 74(1-2), pp. 120-133.

LOACH, Kirstenet et al. (2017): «Cultural sustainability as a strategy for the survival of museums and libraries», *International journal of cultural policy* 23(2), pp. 186-198.

MAIRESSE, François (dir.) (2022): *Dictionnaire de muséologie*, Paris, Armand Colin.

MARSAL, Damiela (comp.) (2012): *Hecho en Chile. Reflexiones en torno al patrimonio cultural*, Santiago de Chile, Andros Impresores.

MARTÍNEZ, Pablo (2022): «De los museos neoliberales a una nueva institucionalidad ecosocial: el Guggenheim como efecto insostenible», *Espacio, Tiempo y Forma. Serie VII, Historia del Arte* 10, pp. 373-396.

MASON, Michael Atwood y Rory TURNER (2020): «Cultural Sustainability: A Framework for Relationships, Understanding, and Action», *Journal of American Folklore* 133(527), pp. 81-105.

MACDONALD, Sharon y Jenni MORGAN (2018): «How can we know the future? Uncertainty, transformation and magical techniques of significance assessment in museum collecting», en Regine Falkenberg y Thomas Jander (dirs.): *Assessment of Significance: Deuten-Bedeuten- Umdeuten*, Berlín, Deutsche Historische Museum, pp. 20-26.

MOON, M. Jae (2020): «Fighting COVID-19 with agility, transparency, and participation: Wicked policy problems and new governance challenges», *Public administration review* 80(4), pp. 651-656.

MORGAN, Jennie y Sharon MACDONALD (2021): «Les collections patrimoniales ont-elles un avenir ? Faire décroître les collections pour le patrimoine du futur», *Culture & Musées* 7, pp. 163-196.

MEIREIS, Torsten (2019): *Cultural Sustainability*, Londres, Routledge.

MERRIMAN, Nick (2008): «Museum collections and sustainability», *Cultural trends* 17(1), pp. 3-21.

MOLINA, Bárbara Amanda (2018): «La incorporación de la cultura y el patrimonio en el desarrollo sostenible: desafíos y posibilidades humanidades», *Universidad de Costa Rica, Escuela de Estudios Generales* 8(1), pp. 57-89.

MOUTINHO, Mário (2012): «Nueva museologia de ayer, sociomuseologia hoy: de los procesos históricos a las tendencias actuales», *Revista de museología* 53, pp. 30-34.

NAVAJAS, Óscar (2022): «Société, musées et réappropriation sociale comme 'utopie': modèles de musées de société en Espagne », *Culture & Musées* 39, pp. 109-134.

PORCEDDA, Aude (2021): «La gestion culturelle des musées au prisme du développement durable: évolution et enjeux contemporains», *Muséologies* 10(1), pp. 117-133.

Roigé, Xavier; Iñaki Arrieta-Urtizberea y Joan Seguí (2021): «The Sustainability of Intangible Heritage in the COVID-19 Era-Resilience, Reinvention, and Challenges in Spain», *Sustainability* 13, en línea: <https://www.mdpi.com/2071-1050/13/11/5796>.

Roigé, Xavier y Alejandra Canals (eds.) (2022): *Patrimonios confinados: retos del patrimonio inmaterial ante el COVID-19*, Barcelona, Edicions de la Universitat de Barcelona

Roigé, Xavier; Alejandra Canals y Marta Rico (2023): «Creating memory of COVID-19: The actions of museum and archives in Spain», *Memory Studies* 17(2), pp. 137-154.

Ruggerio, Carlos Alberto (2021): «Sustainability and sustainable development: A review of principles and definitions», *Science of the Total Environment* 786, en línea: <https://doi.org/10.1016/j.scitotenv.2021.147481>.

Sachs, Jeffrey D. (2015): *The Age of Sustainable Development*, Nueva York Chichester / West Sussex, Columbia University Press.

Salinas, Beatriz (2023): «Discursive Strategies of Climate Change: The Case of Climate Activism in Museums», *Museum International* 75(1-2), pp. 46-55.

Sans, Alger y Vicent Costa (2023): «Más allá de los datos: la transformación digital del museo tradicional», *Daimon Revista Internacional de Filosofía* 90, pp. 81-94.

Schumacher, Ernst Friedrich (1978): *Lo pequeño es hermoso*, Madrid, Hermann Blume.

Selter, Elke y Jok Madut (2023): «Towards Sustainable Cultural Institutions for a New Nation: Creating a National Museum and Archives for South Sudan», *Museum International* 75(1-4), pp. 150-163.

Soini, Katrina e Inger Birkeland (2014): «Exploring the scientific discourse on cultural sustainability, *Geoforum* 51, pp. 213-223.

Soini, Katrina y Joost Dessein (2016): «Culture-Sustainability Relation: Towards a Conceptual Framework», *Sustainability* 8(2), en línea: <https://doi.org/10.3390/su8020167>.

Spaiser, Viktoria et al. (2016): «The sustainable development oxymoron: quantifying and modelling the incompatibility of sustainable development goals», *International Journal of Sustainable Development & World Ecology* 24(6), pp. 457-470.

Spencer-Cooke, Andrea et al. (2023): «Exhibiting Leadership: A Proven Approach to Ambitious and Effective Action on Sustainability and Climate Change by Australian Museums», *Museum International* 75(1-2), pp. 66-81.

SOULIER, Virginie y Xavier ROIGÉ (2022): «Comment valoriser le patrimoine culturel immatériel via un musée numérique? Le projet Prometheus». Museum», *Communication & langages*, (1), pp. 87-109.

TIAKO DJOMATCHOUA, Murielle Sandra (2023): «Cosmogonies of Economic Growth in Nso Communities: Exhuming 'Homemade' Sustainable Development from German Museum Archives», *Museum International* 75(1-4), pp. 194-209.

URGE COLLECTIVE (2023): *Strategies for Reducing the Carbon Impact of Temporary and Touring Exhibitions in the Museums and Galleries sector*, Londres, Future Observatory at the Design Museum & Arts and Humanities Research.

RÉFLEXION SUR L'HABITABILITÉ DES MUSÉES EN TANT QUE LEVIER POUR FAVORISER LA DURABILITÉ DU DÉVELOPPEMENT

Aude Porcedda
Université du Québec à Trois-Rivières

Et si, jusqu'à présent, nous avions envisagé les choses sous un angle différent, en considérant que les musées devraient désormais tenir compte de leurs interactions avec les entités humaines et non humaines présentes sur leur territoire ? L'avènement du développement durable a engendré une transformation significative pour les gestionnaires de musées, qui observent que les entités interagissant avec les musées évoluent en acteurs individuels ou en groupes d'acteurs. Il est communément admis que l'action collective a souvent pour effet d'institutionnaliser les causes politiques. La reconnaissance de la diversité des mondes, également appelée pluriversalisme (Escobar, 2020), met en avant la spécificité de chaque monde avec ses propres logiques, valeurs et modes de vie, en opposition à une vision universelle qui cherche à imposer une seule interprétation du monde. La pluralité des points de vue sur la réalité, sans qu'aucun ne soit privilégié, place la muséologie dans une situation de désorientation. En réalité, les experts des musées avaient l'habitude de concevoir la réalité comme étant constituée d'objets et de personnes, conformément à un schéma de progression uniforme (Sahlins, 1976) qui pouvait être contrôlé depuis leur « quartier général ». En définitive, pourrait-on soutenir que réévaluer notre interaction avec ces entités équivaut à une réévaluation de la muséologie, de notre rapport à la culture et de son développement sur le territoire ?

¿Qué pasaría si, hasta ahora, hubiéramos considerado las cosas desde una perspectiva diferente, reconociendo que los museos deberían tener en cuenta sus interacciones con las entidades humanas y no humanas presentes en su territorio? La llegada del desarro-

llo sostenible ha supuesto una transformación significativa para los gestores de museos, quienes observan que las entidades que interactúan con ellos se están convirtiendo en actores individuales o grupos de actores. Es generalmente aceptado que la acción colectiva a menudo tiene el efecto de institucionalizar causas políticas. El reconocimiento de la diversidad de mundos, también llamado pluriversalismo (Escobar, 2020), resalta la especificidad de cada mundo con sus propias lógicas, valores y formas de vida, en contraste con una visión universal que busca imponer una única interpretación del mundo. La pluralidad de puntos de vista sobre la realidad, sin que ninguno sea privilegiado, coloca a la museología en una posición de desorientación. En realidad, los expertos en museos solían concebir la realidad como compuesta de objetos y personas, según un patrón de progresión uniforme (Sahlins, 1976) que podía controlarse desde su sede. En definitiva, ¿podríamos argumentar que reevaluar nuestra interacción con estas entidades equivale a reevaluar la museología, nuestra relación con la cultura y su desarrollo dentro del territorio?

INTRODUCTION

Au sein de la sphère culturelle, on observe premièrement un intérêt croissant pour des thématiques telles que le sol, la terre, l'eau, ainsi que la diversité culturelle, les genres et les récits. Deuxièmement, l'institutionnalisation de la culture en tant que domaine d'intervention publique a évolué à travers diverses étapes, telles que la normalisation, l'élaboration de législations, l'établissement d'organismes nationaux, la professionnalisation des acteurs, la participation de la société civile, l'impact de la mondialisation, la révolution numérique, ainsi que les défis liés aux changements climatiques et à la décolonisation. Troisièmement, la perception de la culture, qu'elle soit envisagée de manière universaliste ou hétérogène, varie en fonction des sociétés qui peuplent la planète Terre. Enfin, quatrièmement, la conception de la nature est sujette à des controverses quant à la manière dont nous envisageons notre relation avec celle-ci (Depraz, 2008). De quelle manière le musée, en tant qu'entité à part entière, intègre-t-il ces différentes perspectives du monde ? De quelle manière les acteurs territoriaux et l'État intègrent-ils ces différentes perspectives de la culture ? En définitive, comment aborder la question du développement d'un territoire en analysant les pratiques d'appropriation du musée par les individus ? Afin d'appréhender cette complexité, l'article abordera succinctement le rôle de la culture dans la gouvernance internationale, tout en examinant en détail l'approche novatrice adoptée par le gouvernement du Québec. Ensuite, nous exposerons l'évolution des changements observés dans les pratiques durables des musées, pour ensuite explorer le concept d'habitabilité et de zone critique afin d'analyser la manière dont la durabilité d'un territoire doté d'un ou plusieurs musées sont envisagées.

MUSÉES, HABITABILITÉ ET DÉVELOPPEMENT DURABLE

L'objectif de cet article est d'analyser la contribution potentielle des musées et donc de la culture au développement durable d'un territoire. En effet, depuis son établissement en 1945, l'UNESCO, en tant qu'organe représentant le pilier culturel de la gouvernance mondiale, a joué un rôle crucial dans l'évolution de la place de la culture dans le développement des nations et dans l'élaboration de leurs politiques de développement durable. Au niveau des institutions muséales, la réunion des musées des Amériques en 1998 à San José (Costa Rica) a marqué le début officiel de l'engagement en faveur du développement durable à travers un programme d'action intitulé « Musée et communautés durables » ou « Musée et écologie culturelle » (Porcedda, Landry et Lepage, 2006). Dans ce cadre politique, l'objectif de cet écrit est d'analyser l'évolution du rôle de la culture dans le développement durable, en se concentrant particulièrement sur le cas du Québec et en mobilisant le cas des musées. Il vise à démontrer la transformation des pratiques muséales dans ce contexte et à examiner les défis liés à la durabilité d'une région abritant un ou plusieurs musées.

Afin d'analyser cette évolution, notre cadre théorique sera basé sur les concepts de l'acteur-réseau (Callon et Latour, 1981) et de l'habitabilité (Lussault, 2007). Le concept d'habitabilité, élaboré principalement par des urbanistes ou des architectes, est multidimensionnel et peut être décrit comme la caractéristique d'un espace qui favorise un mode de vie sain, sécurisé, durable et épanoui pour ses résidents (Lacaton et Vassal, 2017). En s'appuyant sur la théorie de l'acteur-réseau (ANT) de Latour (2005), on considère que les sociétés humaines et leur environnement sont formés par des réseaux d'acteurs, comprenant à la fois des individus humains et non humains (tels que des bâtiments, des collections, des technologies, des infrastructures, des insectes nuisibles, le changement climatique, etc.), qui interagissent et se construisent mutuellement (Latour, 2015). Dans le cadre de l'habitabilité et de la durabilité des musées, il est entendu que le bien-être dans un environnement est conditionné par les interactions complexes entre les infrastructures, les ressources naturelles, les institutions sociales et les individus. Latour avance l'idée que la notion d'habitabilité ne se limite pas à la simple satisfaction des besoins humains, mais englobe également la durabilité et la capacité de récupération des écosystèmes et des systèmes technologiques, en prenant en considération la zone critique – qui comprend les différentes strates du sol terrestre, de la canopée aux roches mères (Latour et Weibel, 2020) (figure 1).

FIGURE 1
La zone critique

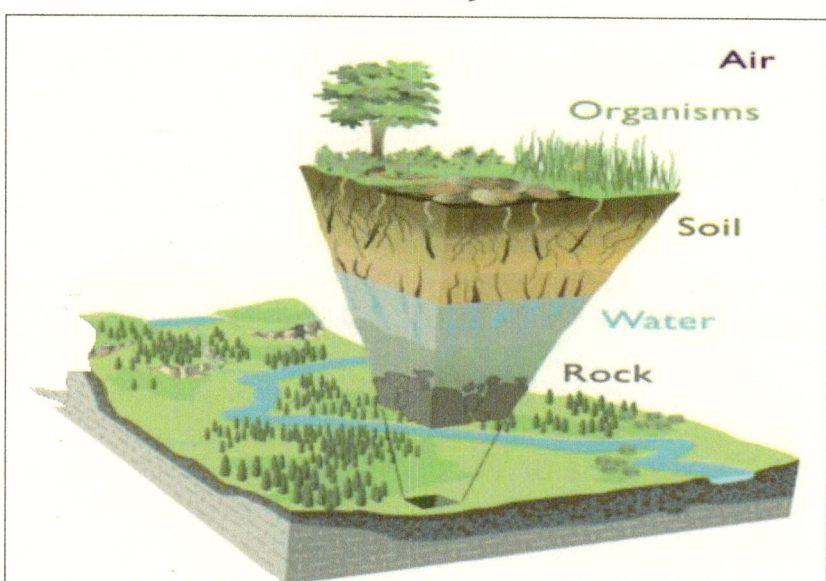

Source: Illustration modifiée d'après Chorover, Kretzschmar, Garcia-Pichel et Sparks (2007). Illustration de R. Kindlimann.

En somme, un musée plus durable et inclusif serait caractérisé par l'intégration des préoccupations écologiques et des êtres non-humains dans les processus de prise de décision. Par conséquent, le concept d'habitabilité incite les intervenants des domaines culturels à réfléchir à la prise en compte adéquate des entités qui portent les enjeux sociaux, économiques et environnementaux dans leurs politiques organisationnelles et leurs implications au développement territorial. En effet, peut-on légitimement aborder la problématique de la « mise en culture » du territoire sans aborder concomitamment la question de l'écologisation de la culture ? Ne pas tenir compte de l'indissociabilité de ces deux questions revient à sous- entendre une définition de la culture qui néglige les liens étroits qu'elle entretient avec les entités non humaines de son environnement, lesquels contribuent pleinement à sa singularité (Porcedda et Petit, 2011). Considérer le musée sous l'angle de son habitabilité incite à élaborer une approche profondément écologique, participative et adaptée aux réalités hybrides de nos environnements contemporains. Dans le contexte des institutions muséales, l'application du concept d'habitabilité nécessite une remise en question des concepts traditionnels, notamment en partant du postulat selon lequel les récits ne sont pas exclusivement détenus par certains individus. En somme, un « musée habitable » peut être décrit comme un espace dynamique dont la délimitation ne se restreint pas aux frontières scientifiques et culturelles de sa programmation et de son plan stratégique, mais englobe également des frontières géographiques et politiques à inventer qui intègrent les communautés humaines et les écosystèmes.

L'INTÉGRATION DE LA CULTURE DANS LES STRATÉGIES DU GOUVERMENT DU QUÉBEC ET SON INCIDENCE SUR LA GOUVERNANCE DES MUSÉES

Pour examiner ces évolutions, il est essentiel de réévaluer l'intégration de la culture dans la stratégie de développement durable du gouvernement du Québec et son incidence sur la gouvernance des musées. Ensuite, des exemples de musées du monde entier seront utilisés pour mettre en lumière les décisions prises par les experts et les gestionnaires pour ajuster leurs pratiques en réponse aux défis de la transition socio- écologique et économique. Ces adaptations susciteront une réflexion de leurs répercussions sur la dynamique territoriale et, de manière plus générale, de l'efficacité du rôle de la culture dans le développement du territoire.

Il convient de rappeler que l'apport de la culture a d'abord été axé sur l'évolution culturelle dans une optique strictement économique, puis sur la préservation de l'authenticité de chaque culture (De Lassus Saint- Geniès et Guèvremont, 2020).[11] L'année 1982 a vu l'adoption de la Déclaration de Mexico sur les politiques culturelles, marquant ainsi la conclusion de cette redéfinition de la relation entre la culture, l'État et le développement (Guèvremont, 2021). En 1996, les travaux de la Commission mondiale indépendante de la culture et du développement, sous la présidence de Javier Pérez de Cuéllar (1996), ont abouti à la publication du rapport intitulé *Notre diversité créatrice*. Ce rapport se focalise exclusivement sur les relations et les interactions entre la culture et le développement, et propose d'intégrer le concept de développement durable dans les instruments juridiques culturels de

1.   Cette valeur avait déjà été énoncée dans la Déclaration des principes pour la coopération culturelle de 1966.

l'Unesco. Même si la culture ne semble pas être prise en compte dans le Rapport Brundtland en raison de son lien avec le développement social, elle est désormais définie de manière juridique. Il est inconcevable de préserver la biodiversité sans tenir compte de la diversité culturelle, et réciproquement. Les dispositions de l'article 11, 12 et 31 sur la décolonisation de la Déclaration de 2001 et la Convention de 2005 de l'UNESCO ont pour objectif de soutenir la préservation et la valorisation de la diversité des expressions culturelles, notamment à travers l'Agenda 21 Culture de 2004. Cet outil a été élaboré au sein de l'organisation Cités et Gouvernements Locaux Unis dans le but de promouvoir la culture dans le cadre du développement territorial. Ils admettent l'importance cruciale de la société civile dans la sauvegarde et la valorisation de la diversité des expressions culturelles. En 2015, l'UNESCO s'est engagée, dans le cadre de l'Agenda 2030, à contribuer à la réalisation des 17 objectifs de développement durable (ODD), en particulier en mettant en œuvre les conventions relatives au patrimoine naturel et culturel, ainsi qu'aux industries culturelles et créatives (De Lassus Saint-Geniès et Guèvremont, 2020). Le 30 juillet 2021, les ministres de la Culture du G20 ont approuvé une Déclaration sur la culture qui affirme clairement le rôle de la culture en tant que moteur d'une relance socio-économique durable.[2]

En ce qui concerne l'impact des musées sur la mise en œuvre du développement durable, l'ICOM avait tenu des événements sur les limites de la croissance (1962) et sur les musées et l'environnement (1972). Au cours des années 1970, l'introduction du concept d'écomusée implique que les communautés assument la responsabilité de leur développement et de la préservation de leur environnement. Lors de la conférence de Rio en 1992, les discussions sur l'environnement ont remis en question les modèles de développement et les pratiques d'exploitation des ressources. Ainsi, les musées sont érigés en réhabilitant des édifices historiques et en accordant une place centrale aux « communautés » dans la conception muséale. Dans cette optique, en 1998 à San José (Costa Rica), les musées des Amériques ont formellement inclus le concept de développement durable dans un programme d'action intitulé « Musée et communautés durables » ou « Musée et écologie culturelle ».[3] Lors des récentes réunions de 2012 et 2022, une orientation vers les objectifs de développement du-

---

2.   <https://www.unesco.org/fr/articles/le-g20-adopte-une-declaration-sur-la-culture-pour-la-premiere-fois> (consultation : 08/10/2024).

3.   Institut Latinoamericano de Museologia et American Association of Museums (1998, avril 15 et 18). Museos y communidades sostenibles, Cumbre de museos de America, San José. <https://icom-lac.mini.icom.museum/wp-content/uploads/sites/25/2024/05/Museo-Y-Comunidades-Sostenibles-Cumbre-de-Museos-de-America.pdf> (consultation : 08/10/2024).

rable, la promotion de la gouvernance collaborative, l'accent mis sur l'inclusion et le développement des énergies vertes ont été des thèmes prédominants. D'après Izabella Luiza Pop et al. (2019), l'intégration du développement durable dans les musées nécessite de prendre en compte diverses dimensions, notamment la dimension culturelle (conservation préventive, compétences culturelles, identité, mémoire, vitalité artistique, etc.), économique (financement, tourisme culturel, emploi, revitalisation économique, etc.), sociale (bien-être, esprit des lieux, responsabilité sociale, participation citoyenne, engagement, etc.) et environnementale (recyclage, technologie verte, efficacité énergétique, éducation à l'écocitoyenneté, écoconception, etc.). Entre 2010 et 2022, une analyse de la littérature scientifique révèle une évolution notable de l'incorporation du concept de développement durable au sein des musées, surtout depuis la pandémie de Covid-19 en 2019.[4] Cette évolution se manifeste par plusieurs aspects : tout d'abord, l'intégration du développement durable dans les thèmes abordés lors des expositions et des activités de médiation, ainsi que dans la gestion des infrastructures muséales. Ensuite, une réflexion approfondie sur la gouvernance et les politiques adoptées par les musées a été observée. De plus, on constate une adoption croissante de pratiques écoresponsables à tous les niveaux des fonctions muséales ainsi que la mise en place d'outils de mesure spécifiques vise à favoriser une gestion durable de ces institutions culturelles. Enfin, l'engagement des musées d'arts augmentent considérablement la masse critique des musées engagés.

Musées et développement durable à l'échelle du Québec

Dans ce contexte, comment l'implication du gouvernement du Québec en faveur du développement durable soulève la question du rôle de la culture dans les initiatives collectives et politiques ? De quelle manière les musées ont-ils réagi ? Au Québec, la Loi provinciale sur le développement durable de 2006 stipule que les entreprises publiques doivent élaborer un plan d'action aligné sur leur stratégie globale, désigner un responsable du développement durable et inclure dans leur rapport annuel les retombées de leurs initiatives.[5] Le musée de la Civilisation, le musée national des Beaux-arts du Québec et le musée d'art contemporain de Montréal sont assujettis

---

4.   Pierrette Lafond (2023) : *Recherche bibliographique sur les musées et développement durable (2010-2022)*, Document interne à la recherche dirigée par Aude Porcedda, financée par le Fonds de recherche du Québec – Société et culture (FRQSC).

5.   Loi sur le développement durable du Québec, chapitre D-8.1.1, en ligne : <https://www.legisquebec.gouv.qc.ca/fr/document/lc/d-8.1.1> (consultation : 08/10/2024).

à cette réglementation. Depuis 2011, l'adoption de l'Agenda 21 de la Culture, le premier du genre pour un gouvernement à l'échelle mondiale, a permis au Gouvernement du Québec d'accorder une importance primordiale à la culture. En étant reconnue comme un quatrième pilier du développement durable, les ministères et organismes provinciaux s'engagent à inclure des actions en faveur de la culture dans leurs plans d'action pour le développement durable, afin de promouvoir son essor. À la suite de l'approbation de l'Agenda 21, la Société des musées du Québec (SMQ) a émis en 2012 une Charte sur les Musées et le Développement Durable. Tous les musées du Québec sont tenus de se conformer à cette charte en élaborant des orientations ou un plan d'action basés sur les cinq principes de développement durable qui y sont énoncés, s'ils désirent obtenir l'agrément et bénéficier du programme d'aide aux institutions muséales. Cette série d'initiatives, qui est sans précédent pour un gouvernement, a également influencé la révision de la politique culturelle du gouvernement, intitulée « Partout la culture 2018 », laquelle promeut activement l'intégration du développement durable au sein des institutions culturelles.[6] Dans ce contexte, il convient de noter que la politique culturelle relève désormais du domaine gouvernemental plutôt que ministériel. Elle incite ainsi tous les intervenants de l'État à prendre des mesures en faveur de la culture. Divers indicateurs, plans d'action, programmes de financement et formations ont été mis en place à l'échelle gouvernementale afin de promouvoir la mise en œuvre du développement durable, dont la culture constitue un pilier essentiel.

Cependant, il est observé que l'implémentation des initiatives visant le développement durable et leur intégration dans les musées du Québec ou à l'échelle du gouvernement demeurent disparates, souvent perçues comme une tâche administrative parmi d'autres plutôt que comme une stratégie de transformation (Porcedda, 2012, 2015). En 2023, la Société des musées du Québec a financé une étude réalisée par le Réseau des femmes en environnement.[7] Parmi ses points saillants, il convient de souligner que 75 % des répondants ont indiqué que leur institution possédait un ou plusieurs documents d'engagement en matière d'écoresponsabilité, principalement sous la forme d'une politique, d'un plan d'action et/ou de lignes

---

6.   Ministère de la Culture et des communications (2018) : *Partout la culture. Politique culturelle du Québec*, Québec, Gouvernement du Québec. Mesures 23 et 25 de l'objectif 3.2, « Miser sur le plein potentiel du patrimoine culturel ».

7.   Réseau Québécois des Femmes en Environnement (2023) : *Diagnostic sur l'engagement environnemental des institutions muséales*, Société des musées du Québec, en ligne : <https://www.smq.qc.ca/fr/professionnel/activites-publications/smq/diagnostic-l-engagement-environnemental-dans-les-institutions-museales-2023.html> (consultation : 01/01/2024).

directrices. Cependant, 13 % des répondants ont déclaré que leur institution ne possède actuellement aucun document d'engagement en matière d'écoresponsabilité. De plus, 17 % des répondants ont confirmé qu'aucune mesure significative n'était prise par leur institution pour sensibiliser le personnel aux questions d'écoresponsabilité. D'après ces mêmes répondants, les trois principaux avantages de promouvoir des pratiques écoresponsables au sein des institutions sont la diminution de l'empreinte environnementale, la résilience aux changements climatiques et la potentialité de réaliser des économies. Récemment, les musées du Québec se sont regroupés de manière spontanée en une communauté de pratiques, notamment Muséco,[8] qui se concentre sur l'éco-conception des expositions, ainsi que le regroupement inter-muséal réunissant les musées d'État et le Musée McCord-Stewart. Ces initiatives visent à partager, discuter et encourager les différentes actions mises en place au sein de leurs institutions ou au sein du réseau muséal international. À cet égard, plusieurs actions se distinguent par leur exemplarité. Citons quelques-unes d'entre elles. Pour donner suite à l'adoption de son plan d'action aligné avec sa stratégie globale, le Musée d'art contemporain de Montréal a révisé sa politique de conservation pour y inclure les défis liés aux changements climatiques et à l'inclusion. Les conservateurs sont incités à réfléchir aux questions relatives à l'acquisition, à la gestion et à l'aliénation des réserves, en mettant explicitement en avant les termes de développement durable, dans le but de réduire à la fois les impacts environnementaux et les inégalités envers les populations les plus vulnérables. Le Musée McCord-Stewart a impliqué l'ensemble de sa communauté, tant interne qu'externe, dans l'élaboration de son plan d'action. Depuis, il a entrepris des actions ciblées en collaboration avec les divers acteurs afin de transformer leurs pratiques, leurs règles, leurs politiques et leurs modes de collaboration. Ils ont ainsi développé un processus d'achat responsable, un guide d'écoconception, mis en place un comité multipartite et établi un campus durable pour garantir la formation continue de leur personnel. Leurs stratégies sont à la fois descendantes, ascendantes et transversales en fonction des défis auxquels ils sont confrontés. En médiation culturelle, les notions de musée bienveillant, de muséothérapie et d'inclusion incitent de plus en plus les institutions muséales du Québec à accueillir et inclure tous les types de publics. L'espace de création du laboratoire d'Espace pour la vie à Montréal ou encore le projet d'exposition-consultative de la

---

8. Pour en savoir plus sur la communauté de pratique Muséco, consulter: <https://www.musees.qc.ca/fr/professionnel/actualites/communaute-de-pratique-museco-ecoconception-et-reemploi-du-mobilier.html>.

Biosphère[9] encouragent la conception, le prototypage et la réalisation de projets en mobilisant l'intelligence collective. L'objectif est de collaborer pour résoudre les défis liés à la biodiversité et aux changements climatiques. Ce laboratoire vise en réalité à promouvoir un nouveau paradigme mettant l'accent sur le rôle central de l'être humain dans les solutions qui en résulteront. En somme, les musées québécois s'engagent à sensibiliser le public aux défis de la transition socio-écologique et à assumer leur responsabilité sociale en cherchant à minimiser l'empreinte de leurs activités sur l'environnement, ainsi que sur la prospérité, la paix, les partenaires et les populations vulnérables. Sur la base des données présentées, la conclusion est plutôt optimiste. Quelle est la situation au niveau international ?

Musées et développement durable à l'échelle mondiale

Les musées à l'échelle mondiale sont de plus en plus impliqués dans la transition socio-écologique en mettant en place des pratiques durables et en réévaluant leur fonctionnement au sein de la société. Certains musées ont été des précurseurs dans ce domaine, tandis que d'autres, en raison de contraintes financières, ont adopté des pratiques de développement durable de manière inconsciente. Dans cette optique, cette transformation dépend principalement des individus impliqués et des environnements politiques propices. Cependant, il est désormais possible d'affirmer que les musées ont évolué pour devenir des acteurs plutôt que de simples prescripteurs. Divers musées ont organisé des expositions, des programmes éducatifs ou de médiation portant sur la gestion des déchets, les énergies renouvelables et les changements climatiques, à l'instar du musée d'Art de Lima (Pérou), du Jockey Club Museum of Climate Change à Hong Kong (Chine), du musée de la Science et de l'Industrie à Chicago (États-Unis) et de la Smithsonian Institution aux États-Unis. Ces expositions sont fréquemment conçues de manière à garantir l'alignement entre la communication et les initiatives, assurant ainsi la préservation de la crédibilité et de la responsabilité des musées vis-à-vis de ces défis. Ceci entraîne l'établissement de centres dédiés à la réutilisation créative, tels que la Réserve des arts à Marseille (France). Le musée du Louvre à Paris, en France, ainsi que le Musée des sciences

---

9. Joséphine Loock (2024, 23 décembre). *Comment parler d'environnement dans les musées ? Une consultation publique à la Biosphère de Montréal.* [En ligne] : <https://icom.museum/fr/ news/comment-parler-denvironnement-dans-les-musees-une-consultation-publique-a-la-biosphere -de-montreal/#:~:text=L'exposition%20participative%20R%C3%AAvez%20la,2023%2C%20 soit%20pendant%20dix%20mois>.

de Trento en Italie, ont effectué une évaluation de leur empreinte carbone afin de diminuer leur impact environnemental et de promouvoir les modes de déplacement doux pour les visiteurs. D'autres institutions muséales ont adopté des mesures visant à diminuer leur consommation énergétique, telles que l'adoption d'éclairage LED et de technologies respectueuses de l'environnement, comme observé au musée des Confluences à Lyon (France), au musée d'Art Moderne à New York (USA) et au musée de l'Acropole à Athènes (Grèce). La gestion durable des collections est également marquée par des initiatives telles que l'élaboration de politiques d'accès des collections à la société civile, la pratique de l'aliénation sélective des collections, l'adoption de formats plus participatifs tels que la col-collecte et la co-aliénation, ainsi que la révision des normes de conservation observée au Field Museum à Chicago (USA), au musée de Vancouver (Canada), au musée d'Ethnographie de Genève, à l'Écomusée du Fier Monde à Montréal (Québec) et au Natural History Museum de Londres (Angleterre), pour ne citer que quelques exemples. Le Palais de Lomé (Togo), s'est engagé dans la promotion de l'art durable et la gestion écologique de ses installations. De nombreux musées ont opté pour la construction d'architectures respectueuses de l'environnement, à l'instar du California Academy of Sciences aux États-Unis, ou ont lancé des concours de design tels que celui intitulé « Repenser les musées pour l'action climatique » organisé par le Arts and Humanities Research Council (AHRC) et le Heritage Priority Area. Cette série d'initiatives témoigne de l'implication des musées qui s'exprime notamment à travers l'éducation et l'information des visiteurs sur les enjeux du développement durable, la mise en avant des résultats de recherches, la présentation des actions et des solutions envisageables centrées sur les individus. Par ailleurs, les musées s'impliquent activement en acceptant de modifier leurs pratiques et leur fonctionnement habituels afin de progresser vers des méthodes plus durables.

Actuellement, les musées, en fonction de leur statut, de leur mission et de leur emplacement géographique, sont impliqués et interconnectés sur ces problématiques. Ils admettent l'importance de la durabilité, même s'ils ont quelques divergences d'opinions. En effet, la promotion de la durabilité n'est pas uniformément répartie entre les domaines économique, social et environnemental en fonction des missions, des structures, des statuts ou encore de la situation géographique (Ketprapakorn et Kantabutra, 2022). Certes, la diversité des approches pour mettre en œuvre la durabilité est plutôt encourageante, la recherche d'un équilibre peut quant à elle engendrer des tensions, parfois de nature émotionnelle. En analysant toutes ces initiatives, on observe des similitudes dans les approches, notamment en ce qui concerne l'incorporation de pratiques écoresponsables et la sensibilisation du public. Toutefois, des disparités persistent, notamment en ce qui concerne le financement, le soutien institutionnel et la participation citoyenne. L'impact des musées, qu'il soit local, national ou international, est conditionné par l'engagement de l'équipe de direction et du personnel opérationnel, ainsi que par le soutien des politiques publiques. Il est également question de la capacité à mobiliser la société civile et à favoriser la collaboration entre les institutions culturelles et les communautés locales, qui constituent des moyens efficaces pour promouvoir la durabilité à l'échelle territoriale. À cet égard, la définition du musée par l'ICOM en 2022[10] pose les bases d'une gouvernance plus participative, voire collaborative des musées. Or, la coopération est souvent plus symbolique (consultations, conciliations, mise à disposition d'informations) qu'effective (partenariat, délégation de pouvoir, contrôle citoyen) (Arnstein, 1969). Elle vise parfois à se rapprocher des non-publics, ou à mieux répondre aux besoins des publics. D'autres musées, forts de leur expertise, n'envisagent tout simplement pas de participation.

Est-ce que l'engagement des musées en tant qu'institutions culturelles les amène à jouer un rôle dans les stratégies de développement durable des territoires ? Les musées sont des institutions qui opèrent au sein de la société. Le musée et la société sont interdépendants. Les musées jouissent d'une crédibilité auprès des visiteurs citoyens. Leur contribution au développement économique et social du territoire est illustrée, pour ne citer que ces deux exemples parmi ceux déjà évoqués plus haut, par les effets produits par la construction des musées à Bilbao (Espagne) et du musée des Confluences à Lyon (France) sur leur territoire respectif.

Leur contribution au développement territorial peut être illustré, plus spécifiquement, en mobilisant le cas de la Fondation Luma à Arles (France).

Érigée sur un terrain en friche, le bâtiment de la Fondation l'a transformée en espace artistique, écologique et social, non sans controverses. D'après Maja Hoffmann, la fondatrice, ce centre dédié à l'art contemporain englobe la photographie, l'édition, le documentaire, le multimédia, et se concentre sur la recherche et la production artistique. Cet espace culturel est un authentique écosystème combinant culture et environnement.[11] Il a été pensé grâce au processus mis en place par

---

10. « Une institution permanente, à but non lucratif et au service de la société, qui se consacre à la recherche, la collecte, la conservation, l'interprétation et l'exposition du patrimoine matériel et immatériel. Ouvert au public, accessible et inclusif, il encourage la diversité et la durabilité. Les musées opèrent et communiquent de manière éthique et professionnelle, avec la participation de diverses communautés. Ils offrent à leurs publics des expériences variées d'éducation, de divertissement, de réflexion et de partage de connaissances ».

11. <https://www.luma.org/fr/arles/nous-connaitre/luma-arles.html>.

FIGURE 2

La démarche « où atterrir ? » à la Fondation Luma

Source : s.o.c.©

Source : ArchDaily©

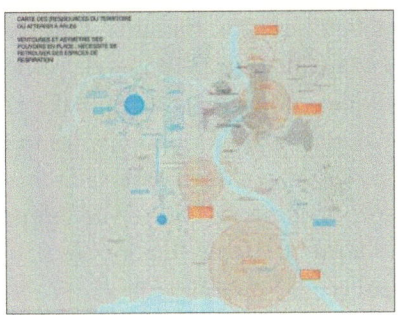

Source : s.o.c.©

la démarche « Où atterrir ? » de Bruno Latour (2017) et l'élaboration de cahiers de doléances (Latour, 2019), ce qui implique que les entités humaines et non humaines interagissant avec la Fondation Luma ont identifié et communiqué leurs environnements de vie afin de participer à la création d'un monde commun à travers la transformation des affiliations (figure 2). Ces cahiers de doléances structurent la parole politique pour se (re)mettre en mouvement dans le contexte du nouveau régime climatique. Avec le support d'une boussole puis d'une carte, ils ont ainsi pu manipuler les controverses et les rebonds entre les entités communes afin de redéfinir leur domaine d'action collective. De cette manière, ils ont été en mesure de se positionner et de s'orienter en identifiant leurs relations, leurs partenaires et leurs opposants sur un territoire qu'ils ont façonné socialement en marge des frontières traditionnelles de la géographie territoriale. Cette réflexion collective sur la vie quotidienne des organisations et de son environnement est fondamentale pour acquérir une connaissance approfondie de son terrain de jeu, pour les administrer efficacement, pour les préserver, pour initier des changements essentiels en vue du futur et pour se positionner politiquement face au nouveau régime climatique. En favorisant la régénération urbaine et la promotion de pratiques durables, tout en offrant des espaces pour des débats critiques et des avancées interdisciplinaires, la fondation Luma s'engage activement à répondre aux défis du changement climatique avec et pour sa communauté. La cartographie des interactions interdisciplinaires au sein des musées, ainsi que l'analyse des controverses qui en découlent, offrent aux professionnels la possibilité de mieux appréhender et de maîtriser les incertitudes et les adversaires. L'adoption d'une gouvernance inclusive et participative, qui engage une diversité d'acteurs tels que les scientifiques, les décideurs politiques, les citoyens, les communautés locales et les entités non humaines, favorise l'émergence de solutions adaptées aux défis complexes résultant des interactions cruciales et complexes entre les systèmes naturels et humains. En outre, l'incorporation de connaissances scientifiques et sociales construites, de pratiques de gestion adaptative et de cadres législatifs dans les politiques culturelles et territoriales favorise la protection et la durabilité de ces interactions. Dans l'ensemble, les musées pourraient occuper une position centrale en tant que zone critique à la fois écologique et culturelle, contribuant ainsi à la préservation de la diversité culturelle, à la résilience et au bien-être humain, mais surtout à la production de nouveaux récits pour penser l'action collective. Ils pourraient également jouer un rôle essentiel dans les cycles biogéochimiques tels que les cycles de l'eau, du carbone et des nutriments, ainsi que dans les cycles socio-politiques au sein des organisations et des territoires, incluant les règles, les habitudes, les normes, la créativité et les valeurs, en vue de maintenir la biodiversité et la diversité culturelle à long terme.

Ainsi, la notion d'habitabilité explore les éléments pertinents à interroger pour comprendre comment les entités humaines et non humaines qui résident dans un musée sur un territoire contribuent à le façonner, en intégrant diverses dimensions telles que sociale, technique, corporelle et patrimoniale. La recherche d'un compromis muséologique et sociétal acceptable nécessite alors une remise en question des concepts traditionnels, tels que la notion d'un musée immuable et éternel, ainsi que la question du partage des récits au-delà des détenteurs auto-proclamés. Plus précisément, les musées sont encouragés à collaborer avec les acteurs locaux pour concevoir des services novateurs tels que des protocoles d'accueil pour les communautés autochtones et les populations les plus vulnérables, l'accès privilégié à des espaces renfermant des objets hautement symboliques, la mise en place de comités de désignation, ainsi que des partenariats intersectoriels visant à valoriser les objets à des fins pédagogiques, entre autres. Il est également crucial de concevoir des mesures de préservation impliquant les êtres humains et non humains, afin de promouvoir l'engagement du musée en tant qu'acteur de la transition écologique. Il convient de reconnaître la coexistence de diverses approches dans le processus de sélection, de description, de rejet, de préservation et de documentation du patrimoine matériel et immatériel. En reprenant les idées de Sally Russell, Nadia Haigh et Andrew Griffiths (2007), la définition d'une institution muséale durable est une organisation dotée d'une stratégie globale qui concilie de manière équilibrée les aspects sociaux, écologiques et financiers. Au-delà des principes des tiers- lieux culturels, le concept d'habitabilité invite donc les musées à mener une réflexion organisationnelle interne et externe d'une part pour assurer le développement des territoires, et d'autre part pour éviter d'être hors-sol. Détenteur d'une grande crédibilité auprès des citoyens,[12] les musées et les acteurs politiques doivent être le réceptacle et le lieu d'exploration pour de nouveaux récits co-construits en interaction avec les entités humaines et non-humaines agissant sur leur territoire réinventé. Et en ce sens, la manière dont la transition est gérée à l'intérieur de l'organisation a des impacts sur le développement du territoire.

Conclusion

Dans l'introduction de l'article, je soulevais la problématique de savoir si notre perspective était jusqu'alors inversée. Pour encourager le déploiement de nos territoires, est-ce au développement durable de prendre en compte la culture ou est-ce à la culture d'intégrer le développement durable ? Est-ce au territoire, par les élus et ses parties prenantes, de s'approprier la culture ou est-ce aux institutions culturelles de nourrir des interactions avec les entités humaines et non humaines présentes sur leur territoire ? Au regard de notre analyse, l'évolution s'opère des deux côtés et invite à une action « métissée ». Un raisonnement binaire et politique sur l'intégration de la culture par les acteurs territoriaux n'est donc pas tenable au regard de l'action collective à l'œuvre dans les musées et ces territoires réinventés. De nos jours, un nombre croissant de musées s'investissent activement dans la promotion du développement durable en assumant un rôle essentiel dans la sensibilisation, l'éducation et la mobilisation du public autour des défis majeurs contemporains. De plus en

---

12. Association des Musées Américains (2021) : *Musées et confiance*, en ligne : <https://www.aam-us.org/2021/09/30/museums-and-trust-2021/> (consultation : 09/08/2024).

plus, certains cherchent à participer à la revitalisation urbaine et à promouvoir des pratiques durables, tout en jouant le rôle de plateformes pour les débats critiques et les avancées interdisciplinaires. Du côté des élus et des parties prenantes, pour relever les défis économiques et sociaux mondiaux, il est essentiel que l'adaptation et la résilience reposent sur des bases locales et communautaires. Les stratégies tentent de s'appuyer sur les traditions et les connaissances locales plutôt que d'être imposées par des fonctionnaires et des experts, dont les conseils suscitent souvent un sentiment de désaccord parmi les populations concernées.[13] La gouvernance culturelle sur un territoire devrait s'affranchir de la séparation des hiérarchies –*top-down*, *bottom-up*, transversale– et les combiner pour s'assurer que le changement se construit à tous les niveaux, tous les acteurs, toutes les expertises et toutes les compréhensions du monde. Est-ce adéquat compte tenu du nouveau régime climatique ? Notre postulat repose sur l'idée que le concept d'habitabilité offre une perspective pour envisager le musée en tant que lieu critique à la fois sur le plan culturel et écologique, ce qui permet de réintroduire une dimension politique dans le domaine culturel, de réinventer l'ordre social établi. Un espace culturel sur un territoire nécessite une approche interdisciplinaire pour analyser les interactions complexes et cruciales entre les systèmes naturels et humains. Le déroulement de l'action n'est jamais figé, mais sans cesse réadapté, réinvesti, négocié. Il est bien plus le fait de savoir-faire, de conflits, de négociations, de divergences d'intérêts, de tensions affectives, que la conséquence de l'application de règles strictes et fonctionnelles –souvent ignorées d'ailleurs, par les individus auxquelles elles sont censées s'appliquer (Strauss et al., 1963)–. Un espace politique sur un territoire nécessite une approche plurisectorielle pour faire participer les entités humaines et non-humaines. Par conséquent, il est essentiel que la gouvernance du musée et celle des territoires en tant que zone critique écologique et culturelle soit inclusive et participative, impliquant une diversité d'acteurs tels que des scientifiques, des décideurs politiques, des communautés locales et des entités non humaines pour agir collectivement et s'engager politiquement pour la lutte des changements climatiques. Cette posture ne permettrait-elle pas alors de concevoir des solutions adaptées aux défis complexes résultant de ces interactions ? En incorporant l'environnement dans la culture et la culture dans l'environnement, les musées, en tant que lieux de convergence de ces diverses perspectives où toutes

---

13. Marie-Claude Savard (2020) : « Le concept zapatiste de « plurivers » et la solidarité internationale, 2024-2025 Polycrise et insécurités un monde sous tension », *Blogue Un seul monde, Institut d'études internationales de Montréal*, en ligne : <https://ieim.uqam.ca/le-concept-zapatiste-de-plurivers-et-la-solidarite-internationale/> (consultation : 14/08/2024).

les questions peuvent être posées, ne pourraient-ils pas être un de ces essentiels dans la conceptualisation de nouveaux territoires –en dehors mais pas sans les frontières administratives– face aux défis du changement climatique actuel ?

BIBLIOGRAPHIE

ARNSTEIN, Sherry R. (1969) : « A ladder of citizen participation », *Journal of the American Institute of Planners* 35(4), pp. 216-224.

CALLON, Michel et Bruno LATOUR (1981) : « Unscrewing the Big Leviathan: How Actors Macro-structure Reality and How Sociologists Help Them to Do So », dans K. Knorr-Cetina et A. V. Cicourel (eds.) : *Advances in Social Theory and Methodology: Toward an Integration of Micro- and Macro- Sociologies*, Londres / New York, Routledge, pp. 277-303.

CHOROVER, Jon, Ruben KRETZSCHMAR, Ferran GARCIA-PICHEL et Donald L. SPARKS (2007) : « Soil biogeochemical processes in the critical zone », *Elements* 3, pp. 321-326.

DE LASSUS SAINT-GENIÈS, Géraud et Véronique GUÈVREMONT (2020) : *Contribution au rapport « Droits culturels et changements climatiques » présentée à la Rapporteuse spéciale des Nations Unies dans le domaine des droits culturels*, Québec, Chaire UNESCO sur la diversité culturelle des expressions culturelles Université Laval.

DEPRAZ, Samuel (2008) : *Géographie des espaces naturels protégés, Genèse, principes et enjeux territoriaux*, Paris, Armand Colin, pp. 80-81.

ESCOBAR, Arturo (2020) : *Pluriversal Politics: The Real and the Possible*, Durham, Duke University Press.

GUÈVREMONT, Véronique (2021) : « L'UNESCO et la diversité culturelle », *Revue québécoise de droit international / Québec Journal of International Law / Revista quebequense de derecho internacional*, numéro hors-série, pp. 165-182.

KETPRAPAKORN Nuttasom et Sooksan KANTABUTRA (2022) : « Toward am organizational theory of sustainability culture », *Sustainable Production and Consumption* 32, pp. 638-654.

LACATON, Anne et Jean-Philippe VASSAL (2017) : « Freedom of Use », *El Croquis* 193, pp. 6-49.

LATOUR, Bruno (2005) : *Reassembling the Social: An Introduction to Actor-Network-Theory*, Oxford, Oxford University Press.

LATOUR, Bruno (2015) : *Face à Gaïa: Huit conférences sur le nouveau régime climatique*, Paris, La Découverte.

Latour, Bruno (2017) : *Où atterrir ? Comment s'orienter en politique*, Paris, La Découverte.

Latour, Bruno (2019) : « Les nouveaux cahiers de doélances : À la recherche de l'hétéronomie politique », *Esprit* 452, pp. 103-113.

Latour, Bruno et Peter Weibel (eds.) (2020) : *Critical Zones: The Science and Politics of Landing on Earth*, Massachusetts, MIT Press.

Lussault, Michel (2007) : *L'Homme spatial : La construction sociale de l'espace humain*, Paris, Seuil.

Pérez de Cuéllar, Javier (1996) : « Notre diversité créatrice », *Le Courrier de l'UNESCO: une fenêtre ouverte sur le monde* 49(9), pp. 4-7.

Pop, Izabella Luiza et al. (2019) : « Achieving cultural sustanibility in Museums: a step toward sustainable development », *Sustainability* 11(4), en ligne : <https://doi.org/10.3390/su11040970>.

Porcedda, Aude; Johanne Landry et Laurent Lepage (2006) : « Musées de sciences et développement durable : Militantisme ou changement de paradigme ? », dans *L'éducation muséale vue du Canada des États-Unis et d'Europe : Recherche sur les programmes et les expositions*, Québec, MultiMondes, pp. 279-292.

Porcedda, Aude (2012): « El Museo de la Civilizacion de Quebec : la cultura como componente central del desarrollo sostenible », dans *MUSEOS.ES*, 7-8, pp. 72-89.

Porcedda, Aude (2015) : « Les paradoxes de la culture et du développement durable : retour sur l'expérience du Musée de la civilisation dans la démarche de l'Agenda 21 de la culture du MCCF ». Dans : Bergeron, Yves, Daniel Arsenault et Laurence Provencher (dirs). *Musées et muséologies : au-delà des frontières. La muséologie nouvelle en question*. Québec : Presses de l'Université Laval, pp. 249-269.

Porcedda, Aude et Olivier Petit (2011) : « Culture et développement durable : vers quel ordre social ? », *Développement durable et territoires* 2(2), en ligne : <https://doi.org/10.4000/developpementdurable.9030>.

Russell, Sally; Nadia Haigh et Andrew Griffiths (2007): « *Understanding corporate sustainability: recognizing the impact of different governance systems* », dans S. Benn et D. Dunphy (eds.) : *Corporate Governance and Sustainability: Challenges for Theory and Practice*, Londres, Routledge, pp. 36-56.

Sahlins, Marshall (1976) : *The Use and Abuse of Biology. An Anthropological Critique of Sociobiology*, Michigan, University of Michigan Press.

Strauss, Anselm et al. (1963) : « The hospital audits negotiated order », dans E. Freidson (ed.) : *The hospital in modem Society*, New York, The Free Press, pp. 147-168.

GOBERNANZA PARTICIPATIVA PARA UNAS INSTITUCIONES CULTURALES Y PATRIMONIALES SOSTENIBLES

Cristina González Gabarda
Diputació de València

La protección del patrimonio cultural, como elemento fundamental del desarrollo sostenible, exige un enfoque que haga hincapié en encontrar el justo equilibrio entre sacar provecho para las generaciones actuales y preservarlo para las generaciones futuras, asegurando una gestión sostenible con la participación activa de las comunidades. La participación ciudadana no solo empodera a las comunidades, sino que también fortalece la legitimidad de las instituciones culturales y su capacidad de perdurar. Como apoyo a estas acciones es necesario sensibilizar a la ciudadanía sobre el valor e importancia del patrimonio cultural para que se transmita a las generaciones futuras.

The protection of cultural heritage, as a fundamental element of sustainable development, requires an approach that emphasizes finding the right balance between benefiting current generations and preserving it for future generations. It also must ensure sustainable management with the active participation of communities. Citizen participation not only empowers communities but also strengthens the legitimacy of cultural institutions and their capacity to survive. To support these actions, it is necessary to raise public awareness of the value and importance of cultural heritage so that it can be passed on to future generations.

INTRODUCCIÓN

Este artículo analiza la evolución histórica de la protección del patrimonio cultural y el natural hasta su actual puesta en valor como elemento fundamental para avanzar hacia el desarrollo sostenible, para luego explicar cómo la cultura ha pasado a ser considerada como el cuarto pilar del concepto de desarrollo sostenible en la actualidad, sumado a los tres pilares tradicionales establecidos en el llamado *Informe Brundtland*[1]: el desarrollo económico, social y ambiental, reflejando una comprensión más holística y compleja del desarrollo, que no puede ser plenamente sostenible si no se tiene en cuenta la dimensión cultural. En realidad, la cultura no solo es un elemento relevante del desarrollo sostenible sino la dimensión que lo subyace. La cultura, además de ser un motor económico y un recurso para el bienestar social, proporciona un marco esencial para la cohesión social y la identidad, factores cruciales en la sostenibilidad a largo plazo. La cultura es el alma de las sociedades y el patrimonio cultural es su memoria. Por tanto, las instituciones culturales, como garantes de la protección del patrimonio cultal, tienen un rol estratégico dentro de las políticas de sostenibilidad globales, y su capacidad para fomentar la participación ciudadana y promover valores culturales es clave para enfrentar los desafíos del siglo XXI. Las instituciones culturales junto con las industrias creativas se han convertido en una fuerza vital para acelerar el desarrollo humano, porque estimulan la innovación que puede impulsar un crecimiento sostenible inclusivo. El trabajo creativo también promueve el respeto por la dignidad humana, la igualdad y la democracia, valores todos esenciales para que los seres humanos vivamos juntos en paz. Su potencial para realizar una contribución significativa a la consecución de los Objetivos de Desarrollo Sostenible (ODS) se reconoce en la Agenda 2030 (Moreno Múgica, 2022). Como consecuencia de la inclusión de la cultura como cuarto pilar del desarrollo sostenible, se ha generado la necesidad de delimitar nuevos conceptos subyacentes como cultura sostenible y sostenibilidad cultural. Además, implica una mayor conciencia de la contribución de las instituciones culturales al desarrollo sostenible.

Las instituciones culturales tienen el reto de adoptar prácticas sostenibles que respondan tanto a las demandas ambientales como sociales y económica y, para esta misión, las instituciones tienen un instrumento como es la implementación de modelos participativos en su gobernanza. La gobernanza participativa ha emergido

---

1. Informe de la Comisión Mundial sobre el Medio Ambiente y el Desarrollo de 1987, en línea: <https://digitallibrary.un.org/record/139811?ln=es&v=pdf> (consulta: 28/03/2025).

como un enfoque fundamental e innovador en la gestión de instituciones culturales, especialmente en el contexto del impulso del desarrollo sostenible, y no solo ofrece una estructura más democrática, que promueve la inclusión de múltiples actores como las comunidades locales, los artistas, los gestores culturales, los gobiernos y el sector privado, en la toma de decisiones, sino que también fortalece la resiliencia y relevancia de las instituciones culturales al involucrar a diversas voces en la creación, preservación y difusión del patrimonio cultural (Moreno Múgica, 2022). A través del análisis de casos específicos, se busca proporcionar una comprensión más profunda de cómo la participación puede transformarse en una herramienta eficaz para el fortalecimiento de la cultura como bien común.

LA RELEVANCIA DE LA CULTURA Y EL PATRIMONIO EN LA SOSTENIBILIDAD

Para determinar la relevancia de la cultura y el patrimonio en la sostenibilidad en el contexto de las instituciones culturales, hay que profundizar previamente en algunos conceptos, teniendo en cuenta que se ha argumentado que una de las principales limitaciones para integrar a la cultura y el patrimonio en el desarrollo sostenible es la dificultad de definir algunos de esos conceptos.

El concepto de patrimonio cultural es relativamente nuevo. Con el tiempo ha ido ampliándose, por lo que ahora no solo incorpora aquello que de forma inmediata podríamos definir como dotado de un valor histórico o documental (obras de arte, colecciones, objetos, monumentos, ciudades, paisajes culturales) sino también objetos de la vida cotidiana, la cultura material y, en los últimos tiempos, los recursos inmateriales, como las tradiciones orales, las prácticas sociales, los ritos, y los conocimientos y competencias tradicionales. El patrimonio cultural y natural se ha de considerar en su conjunto como un todo homogéneo que comprenda no solo las obras que representan un valor de gran importancia, sino además los elementos más modestos que hayan adquirido con el tiempo un valor desde el punto de vista de la cultura o de la naturaleza. La participación en la protección y conservación del patrimonio cultural debería interpretarse como una evolución natural del concepto del patrimonio cultural como un bien común. El patrimonio cultural, que en última instancia pertenece a la humanidad, es confiado a museos e instituciones culturales para que las generaciones venideras puedan disfrutar de él. El agua, el aire y el medio ambiente son bienes comunes en un sentido global, pero el patrimonio cultural, como un monumento, un museo local o un paisaje son bienes que benefician a una comunidad en particular y pueden desempeñar un papel decisivo en el desarrollo local, contribuyendo a mejorar la calidad de vida de dicha comunidad y, en definitiva, a favorecer la integración, la cohesión social y un sentido de pertenencia.

El concepto de civilización propio de la sociedad occidental, basado en la antropología clásica, implica el dominio de la naturaleza por la humanidad, con el objetivo de protegerse de lo desconocido e irracional, mediante un conjunto de normas que reflejan sus valores morales, dando lugar a comunidades organizadas que viven acorde a las leyes, y generan ideas, artes, ciencia, y costumbres, que convierten las sociedades humanas en más avanzadas, de modo que el ser humano avanza desde la barbarie a la civilización, en un proceso de transformación en el que la cultura, como expresión de la visión del mundo de una sociedad, tiene un papel fundamental (Bell, 2010). Esta cosmovisión implicó que, a través de los siglos, en la civilización occidental, los conceptos de cultura y naturaleza se alejaron hasta que en la Ilustración, con el dominio de la razón, se separaron totalmente y comenzaron a concebirse como antagonistas, de modo que la cultura era considerada como la luz y la naturaleza salvaje como la oscuridad (Conrad, 2008). Al concebir la civilización de modo que la cultura aparece como un término contrapuesto al de naturaleza, se coloca a la humanidad en una alta torre por encima de toda vida pensando que la naturaleza es peligrosa y necesita perfeccionarse, cuando resulta que todos formamos parte de la naturaleza, tal como se concebía en la mayor parte de la historia humana. La modernidad condujo a partir de la Ilustración también a la escisión de la cultura y la ciencia, que hasta el Renacimiento eran inseparables, dando lugar a una fragmentación del saber humano que derivaría en una visión del mundo con un sistema de valores que, tal como se desprende de la tesis de Sacha Kagan, en *Art and Sustainability: Connecting Patterns for a Culture of Complexity* (2011), acabó originando la cultura de insostenibilidad de la sociedad posmoderna. La concepción occidental de la civilización ha llevado al dominio incondicionado de la naturaleza, a través de la ciencia, con una despreocupación ecológica total debida a la creencia de que los recursos son ilimitados, que justificaba la idea de crecimiento indefinido, clave de la sociedad capitalista, y motivaba la convicción de que el futuro siempre iba a ser mejor que el pasado y el presente (Bell, 2010). La sociedad posmoderna ha perdido incluso el «espíritu interior» único, como lo denomina Hegel, que en cada periodo de la historia domina todo, desde el modelo económico a la cultura, el arte, la filosofía, la moral y la política (Bell, 2010). Pero su derrumbamiento no se producirá como consecuencia de crisis sociales o económicas, ni crisis estructurales, sino por el colapso del sistema ecológico global (Bell, 2010). La civilización planetaria actual es insostenible. En la segunda década del siglo XXI resulta cada vez más urgente un replanteamiento epistemológico que nos convierta en una civilización mucho más avanzada, coherente, unida, eficiente y sostenible, para seguir dando pasos en un proceso de transformación que verdaderamente nos lleve de la oscuridad a la luz. Es necesaria una transformación de la civilización hacia un desarrollo sostenible, pero las estructuras de las sociedades, es decir, los modos de vida, las relaciones sociales, las normas y los valores, no se pueden cambiar del día a la noche. Si bien los cambios de estructura de poder pueden ser muy rápidos de una manera espectacular, las estructuras de sociedad cambian mucho más lentamente, y, además, no puede ser un cambio apocalíptico porque la tarea de construir una nueva estructura de la sociedad es complicada y debe usar necesariamente los ladrillos del antiguo orden (Bell, 2010). Para redefinir el sistema de valores de la sociedad la cultura adquiere en una importancia suprema porque muestra la vanguardia hacia lo nuevo, puede generar una nueva sensibilidad y estilo de conducta (Rifkin, 2010), que nos impulsen hacia la nueva sociedad, en la que todos nos sintamos responsables de no dejar que las futuras generaciones hereden un mundo peor que el que nosotros hemos disfrutado (Ballesteros, 1995).

El concepto de desarrollo sostenible basado en los pilares económico, ecológico y social determinado por el *Informe Brundtland* de 1987, requiere una evolución que incorpore la cultura, y, por tanto, el patrimonio, teniendo en cuenta que resulta trascendental para la sociedad, al definir su sistema de valores, Sin embargo, nos encontramos con que las soluciones aportadas por las conferencias mundiales de Naciones Unidas que se han sucedido a lo largo de estos años para tratar el tema del desarrollo sostenible no han tenido en cuenta la cultura y han resultado insuficientes, porque la realidad es compleja y holística, todo está conectado, y el enfoque científico y económico no se ocupa de las percepciones y los significados simbólicos de cada cultura. El problema principal es que las propuestas de las conferencias no tienen en cuenta las cosmovisiones de cada lugar del planeta. La relación entre la cultura y el desarrollo constituye una relación un tanto difícil, no porque no exista, sino porque durante décadas se ha negado o se ha obviado, debido a la visión marcadamente económica que se le ha dado tradicionalmente al desarrollo (Luque Gallegos, 2015). Las soluciones sostenibles requieren vincular diferentes aspectos como los procesos económicos y sociales, el uso de las tecnologías, las prácticas y las tradiciones de cada cultura.

No existe una fórmula general para realizar la transición a un sistema sostenible, pero sí que puede existir una cultura basada en una ética sostenible común que nos reconcilie con la naturaleza y genere un *ethos* acorde con la sostenibilidad.

La cultura genera la creatividad y la imaginación que pueden dar lugar a nuevas ideas, así como procesos de experimentación que permitan avanzar hacia nuevas sociedades con estilos de vida sostenibles, y el arte, como núcleo de la cultura, es un instrumento para experimentar, abrir nuevos caminos y proponer soluciones creativas en las que prime la acción multidisciplinar, transversal y colaborativa, para encontrar vías hacia la sostenibilidad. Una de las manifestaciones de la cultura de cada sociedad más importantes es la narración de historias, a través de la literatura y el arte, porque los seres humanos las han utilizado desde el principio de los tiempos para conocer su mundo y relacionarse con él, y la narración puede contribuir de manera importante a encontrar soluciones a los desafíos actuales porque implica, como explica Hans-George Gadamer, «libertad para seleccionar y libertad en la elección de los puntos de vista convenientes y significativos» (1997: 24). Los artistas son exploradores de la realidad y también construyen nuevas realidades imaginando futuros alternativos sin tener las limitaciones metodologías estrictas de los científicos, lo que les permite utilizar su intuición y pensar holísticamente. Estas capacidades son fundamentales para un concepto tan complejo como el de la sostenibilidad que no fija un camino a seguir, sino que es un proceso de búsqueda continua para la construcción de nuevos caminos sostenibles en los que participen las personas. Y el arte comunica a las personas de una forma más emocional, abierta y simbólica que la ciencia, facilitando que puedan utilizar su imaginación y creatividad para repensar y mejorar sus estilos de vida, creando nuevos caminos hacia la sostenibilidad.

El concepto de cultura sostenible comenzó a generarse desde que los románticos europeos se rebelaron, a finales del siglo XVIII, contra la sociedad industrial, hasta el momento actual en que se han multiplicado los movimientos que denuncian la depredación del capitalismo financiero globalizado contra la naturaleza y los propios seres humanos, ahora en todo el planeta. El papel de la cultura para mejorar la sociedad fue propuesta, por primera vez, por Friedrich Schiller, en sus *Cartas sobre la educación estética del hombre* a finales del siglo XVIII, en las que planteaba rehacer la civilización mediante la fuerza liberadora de la función estética. Su pensamiento influyó en los románticos y la Hermandad Prerrafaelita, a principios del siglo XIX, que encontraron en el arte el germen para alcanzar la armonía perdida en la Ilustración y oponerse a la realidad que había generado. Inspirado en el Romanticismo, a finales del siglo XIX surgió el Trascendentalismo liderado por Henri David Thoreau,[2]

2.   Thoreau, con sus libros *Caminar* y *Walden* de mediados del siglo XIX, fue una de las figuras más relevantes del trascendentalismo, al advertir la amenaza del capitalismo industrial para los entornos naturales más bellos en Estados Unidos.

quien afirmó que había que restablecer la relación del ciudadano de la civilización occidental con la naturaleza y su conciencia como parte de esta, sustituyendo el estilo de vida que busca la felicidad en el consumo de un modo irresponsable, por otro nuevo basado en la responsabilidad individual, al que denominó *simple living*. El problema fue que los trascendentalitas consiguieron proteger esos espacios pero se siguió destruyendo la naturaleza del resto del territorio como si los ecosistemas no estuvieran interconectados, porque la cosmovisión imperante en la sociedad occidental siguió basándose en el mito ilustrado de sometimiento de la naturaleza mecanizada, y los sistemas económicos occidentales basados en la primacía del capital continuaron con su concepto de crecimiento ilimitado, generando un desarrollo de la sociedad de consumo que al carecer de ética fue mostrando su parte negativa con un incremento de la desigualdad social y el desequilibrio natural (Aznar y Ull, 2013). En el siglo xx, Martin Heidegger fue pionero en desarrollar la conciencia sobre la necesidad de proteger el planeta y puede considerarse como precursor del pensamiento ecologista. En su conferencia «Construir, habitar, pensar» (Pedragosa, 2011), para hablar sobre la reconstrucción de las ciudades arrasadas por la Segunda Guerra Mundial, propuso aprender a habitar poéticamente el mundo, cuidando del planeta. En esa línea, a finales de los años sesenta surgió la misma idea de recuperar la estética de la naturaleza, abandonada por la filosofía académica durante 150 años, en el británico Ronald W. Hepburn y el alemán Theodor W. Adorno, aunque no tenían relación entre sí. La causa del abandono fue el racionalismo occidental, que para convertir la naturaleza en una mera fuente de recursos mostró la belleza natural como inferior a la belleza artística, lo que llevó a su eliminación como tema digno de reflexión filosófica y que se permitiera la instalación de fábricas, canteras y presas afeando los paisajes. Una mayor conciencia de la belleza del mundo natural nos dará buenas razones para protegerlo y la belleza debe libertar al hombre de las condiciones de existencia inhumanas (Marcuse, 2007).

Estas ideas generaron una amplia respuesta entre los ecologistas. Al mismo tiempo, surgió un nuevo movimiento encabezado por Fritz Schumacher (2011), que apostó por un nuevo estilo de vida opuesto al gigantismo capitalista, que prime lo pequeño, defienda lo local y actúe desde una base moral, siendo precursor del desarrollo sostenible, que es una nueva etapa en la evolución del ecologismo, con una visión más amplia de la protección del planeta. En los años ochenta destacó Edgar Morin, que advirtió también de la necesidad de abandonar el proyecto racionalista, que ignora a los individuos y destruye la naturaleza, porque conduce al suicidio de la humanidad, proponiendo recuperar la visión de la naturaleza de la época romántica para salvar la Tierra. En 1995, Jesús Ballesteros publicó su obra

Ecologismo personalista, que le llevó a perfilar los derechos al medio ambiente dentro de una tercera generación de derechos humanos, y concibió al ser humano como guardián de la naturaleza, que cuidar como un jardín, apostando por la lentitud y el largo plazo para seguir el ritmo de la naturaleza, la priorización de lo local, la agricultura ecológica y la producción artesanal. Por tanto, como señala Vicente Bellver, «el desarrollo se evalúa por el bienestar no solo de las generaciones presentes sino también de las venideras» (1996: 58), y será necesaria una planificación para proteger los recursos naturales de la tierra teniendo en cuenta las necesidades de las generaciones futuras. Se trata de una responsabilidad «de todos los Estados y todos los individuos» (1996: 61).

En el milenio actual, del mismo modo que surgieron un brote de propuestas contra la Revolución Industrial, se está volviendo a producir, teniendo en cuenta que hemos entrado en la llamada «era de los límites del planeta» y que se requieren transformaciones estructurales profundas, casi revolucionarias (Riechmann, 2006). En 2004 se aprobó en Barcelona la Agenda 21 de la Cultura[3] por las Ciudades y Gobiernos Locales Unidos (CGLU), que pidieron a las organizaciones internacionales que desarrollasen una dimensión cultural en el concepto de desarrollo sostenible, y en 2010 aprobaron el documento *La cultura es el cuarto pilar del desarrollo sostenible*[4] con un llamado a Naciones Unidas para integrar explícitamente la cultura en los programas de desarrollo sostenible. En 2011, la Asamblea General de Naciones Unidas aprobó la Resolución 65/166 relativa a la cultura y el desarrollo[5] que, por primera vez, reconoce de forma explícita que «la cultura contribuye significativamente al desarrollo sostenible de las comunidades locales, los pueblos y las naciones». En 2013, UNESCO prueba la Declaración de Hangzhou,[6] que sitúa la cultura en el centro de las políticas de desarrollo sostenible y actualiza el concepto de patrimonio vinculándolo estrechamente con el desarrollo sostenible. Sin embargo, la cultura, y, por tanto, el patrimonio, no se ha incorporado al paradigma del desarrollo sostenible por Naciones Unidas debido a la negativa de la mayoría de los gobiernos.

El concepto de sostenibilidad cultural es bastante nuevo, por lo que resulta difícil delimitar y establecer los principios que lo definen. Podemos hablar de la

---

3.   <https://www.agenda21culture.net/es/documentos/agenda-21-de-la-cultura> (consulta: 28/03/2025).

4.   <https://www.agenda21culture.net/es/documentos/cultura-cuarto-pilar-del-desarrollo-sostenible> (consulta: 29/11/2025).

5.   <https://documents.un.org/doc/undoc/gen/n10/522/53/pdf/n1052253.pdf> (consulta: 28/03/2025).

6.   <https://unesdoc.unesco.org/ark:/48223/pf0000221238> (consulta: 29/11/2025).

equidad intergeneracional, consistente en la utilización de los recursos culturales para satisfacer nuestras necesidades, de forma que el arte y la cultura puedan perpetuarse en futuras generaciones. Incluye el libre acceso a la participación cultural, la libertad de expresión artística y la protección de la diversidad cultural. El concepto de sostenibilidad cultural a través del patrimonio permite a un grupo de actores ejercer sus derechos culturales por medio de una redefinición de los bienes patrimoniales de acuerdo con el concepto de sostenibilidad, que conlleva a la posibilidad de desempeñar una tutela y gobernanza para preservarlos y transmitirlos, teniendo en cuenta que la herencia patrimonial constituye para la cultura un sistema de valores y, mediante la creatividad e innovación, no solo preserva los testimonios culturales anteriores, sino que además desarrolla los actuales. Desde el punto de vista de sostenibilidad cultural, el patrimonio tiene un valor de identidad que contribuye al sentido de solidaridad entre sus ciudadanos y es una fuente de ingresos que posibilita el desarrollo sostenible rescatando el uso de aquellos saberes tradicionales cuya práctica se ha considerado respetuosa con la ecología y permite entender cómo el ser humano se ha relacionado con su entorno natural facilitando el acceso al conocimiento acumulado sobre las tecnologías y resolución de problemas en el territorio, con las implicaciones que esto tiene en su cultura y por lo tanto en su forma de vida. No solo preserva los testimonios culturales anteriores, sino que desarrolla los actuales mediante la creatividad e innovación. En la interacción del patrimonio con las formas culturales se manifiesta su poder de mediación. ya que, vinculado a la creación cultural, es una gran fuerza crítica y democrática y una de las mejores maneras de difundir diferentes mensajes a la sociedad. Por tanto, permite el empoderamiento de los diversos actores a través del conocimiento y reconocimiento a su cultura, a fin de asumir otras cuestiones del desarrollo sostenible como la inclusión social, el crecimiento económico y el equilibrio medioambiental. Sin embargo, a pesar de lo expuesto, en la Agenda 2030 se hace una referencia muy general a las posibilidades que el patrimonio ofrece al desarrollo sostenible.

Otra limitación de la sostenibilidad cultural a través del patrimonio es la falta de metodologías, a fin de contar con evidencias explícitas sobre las implicaciones positivas de la cultura para la sostenibilidad y especialmente para la sociedad. Desde esta perspectiva es lógico que, ante la carencia de resultados, se haya prestado mayor atención a las dimensiones económica y medioambiental del desarrollo sostenible y no a la cultura o al patrimonio.

El concepto de gobernanza es un paradigma emergente ya consolidado, que supone una forma de gobierno más cooperativa, donde las instituciones estatales y no estatales, los actores públicos y privados, participan y a menudo cooperan en la formulación y aplicación de políticas pública, teniendo como filosofía subyacente de este modelo que los valores de autoridad y jerarquía tradicionales dejen paso a los principios de colaboración y cooperación horizontal entre actores, siendo el gobierno sea un actor más. Este concepto nos trasmite la idea de un modelo de gobierno más descentralizado que apuesta por la complementariedad entre el sector público, el sector privado y las organizaciones, grupos e individuos que conforman la sociedad civil (Conejero y Segura, 2020).

La gobernanza cultural participativa define un sistema de toma de decisiones inclusivo que involucra a múltiples actores en el proceso de gobernanza, promoviendo transparencia, responsabilidad y corresponsabilidad, que, en el ámbito cultural, se traduce en procesos de gestión que integran a la comunidad en la preservación y promoción del patrimonio y la creatividad local. La protección del patrimonio cultural y natural puede ser más efectiva y equitativa cuando se fundamenta en un enfoque de gobernanza participativa.[7] La participación de la comunidad no solo enriquece el proceso de toma de decisiones, sino que asegura una preservación sostenible del patrimonio para las generaciones futuras.

Revisados estos conceptos, para realizar un análisis de los procesos de incorporación de la cultura y el patrimonio en la sostenibilidad que pretende este artículo, se deduce que el desafío actual no solo es que la cultura llegue a convertirse en pilar del paradigma sostenible, que reclamo como necesario, sino que las estrategias, políticas y métodos que puedan surgir en los distintos escenarios respondan a un estudio amplio y profundo del sistema sociocultural de cada sociedad, que permita el empoderamiento de los diversos actores.

Los objetivos de este artículo son los siguientes:

1. Determinar por qué la protección del patrimonio cultural es imprescindible para las sociedades sostenibles, examinando la evolución del concepto de patrimonio cultural, desde un planteamiento particularista de riqueza personal al de bien común, y el surgimiento de su valor como identidad cultural, que favorece la cohesión de las comunidades.

2. Mostrar cómo la evolución del concepto de patrimonio cultural ha dado lugar, en el momento actual, a una conciencia global de la cultura como identidad de las sociedades así como un recurso básico de conexión y de bienestar de las personas, que hace deseable la revaloración de la cultura

---

7. Sani, Margherita: «La gobernanza participativa del patrimonio cultural», *El Observatorio Social*, junio 2016, en línea: <https://elobservatoriosocial.fundacionlacaixa.org/es/-/la-gobernanza-participativa-del-patrimonio-cultural#> (consulta: 28/03/2025).

como sector estratégico, además del fortalecimiento de los derechos culturales, dando lugar a un cambio de perspectiva en las instituciones culturales, con una creciente importancia en su gestión de la sostenibilidad y la participación ciudadana.

3. Explicar por qué resulta necesario añadir un cuarto pilar, la cultura, al concepto de desarrollo sostenible, y cómo se contempla en la Agenda 2030 aprobada por Naciones Unidas en 2015, pese a que no incluyó entre sus 17 objetivos uno dedicado a la cultura, además de mostrar la importancia creciente del nuevo concepto de desarrollo sostenible en posteriores declaraciones y documentos.

4. Delimitar los nuevos conceptos derivados del desarrollo del concepto de desarrollo sostenible con el cuarto pilar de la cultura, como es el concepto de sostenibilidad cultural, estableciendo los principios que lo definen, y el concepto de cultura sostenible, con sus implicaciones en la gobernanza de las instituciones culturales.

5. Examinar cuál puede ser la contribución de las instituciones culturales para proponer soluciones a nivel mundial que permitan construir caminos que conduzcan hacia el desarrollo sostenible, identificando prácticas emergentes que involucran a diversas partes interesadas en la toma de decisiones y en la gestión de estas instituciones, exponiendo algún caso concreto.

6. Proponer un marco de gobernanza cultural participativa que fomente la sostenibilidad a largo plazo, reflexionando sobre su impacto en los museos y si pueden contribuir a transformar las sociedades en las que se encuentran, creando lugares mejores.

7. Exponer un caso de institución cultural que ya han implementado un modelo de gobernanza participativa exitoso, para extraer lecciones aprendidas.

HACIA UNA INCLUSIÓN DEL PATRIMONIO CULTURAL EN LOS PLANES ACERCA DE LA SOSTENIBILIDAD

Este análisis involucra una serie de consideraciones como que la protección del patrimonio cultural es imprescindible para las sociedades sostenibles, teniendo en cuenta que determina la identidad de las sociedades y que es necesario incorporar un cuarto pilar, la cultura, al concepto de desarrollo sostenible.

La protección del patrimonio cultural es imprescindible para las sociedades sostenibles

Los bienes culturales han existido desde el principio de los tiempos, cuando los seres humanos comenzaron a utilizar el arte para relacionarse con la naturaleza que les rodeaba. Como señala René Dubos en su obra *Un Dios Interior* (1986), los seres humanos comenzaron a percibir que en cada lugar existía un espíritu interior que determinaba tanto su apariencia como la de los seres que lo habitan, y que aún podemos percibir cuando viajamos a otros países, a pesar de las intervenciones derivadas de la civilización tecnológica, que imprimen un sello de uniformidad superficial en la mayor parte del mundo. La Tierra alberga muchos mundos en uno solo y esa diversidad «enriquece la vida humana» (Dubos, 1986). Para relacionarse con la naturaleza, los seres humanos de los primeros tiempos crearon objetos artísticos para sus rituales que eran sagrados, y su apariencia estaba determinada por ese espíritu interior, así que se generó un patrimonio cultural, que se convirtió en una manifestación de su identidad. Esta relación del ser humano con la naturaleza en cada lugar ha determinado el arte que aparece a lo largo de la historia en las civilizaciones. Desde las primeras civilizaciones que alcanzaron un gran esplendor y generaron las primeras colecciones de objetos de culto en los antiguos templos se produjo una evolución a las colecciones de objetos valiosos que los aristócratas exhibían en sus casas y jardines, hasta que en el Renacimiento surgió la conciencia de que las obras de arte eran testimonios de la historia y se generó el concepto de patrimonio cultural que ha llegado a la época actual. Se crearon lugares específicos para la exposición de objetos valiosos y sentaron las bases de los museos consolidados en el siglo xix. Por tanto, la noción de bienes culturales se ha ido ampliando progresivamente, desde un planteamiento particularista de riqueza personal al de bien común, para incluir además de los monumentos y las obras de arte, a manuscritos, libros o colecciones científicas, entre otros. Con la Revolución francesa al valor histórico se sumó su valor como bien común y con el Romanticismo surgió su valor como identidad cultural, que favorece la cohesión de las comunidades.

El primer texto en que fueron definidos los bienes culturales fue aprobado en 1954 para protegerlos a nivel internacional de la destrucción masiva para las futuras generaciones: la Convención de La Haya aprobada por la unesco para la protección de los bienes culturales en caso de conflicto armado. Durante siglos se ha destruido el patrimonio cultural de los pueblos vencidos de forma intencionada para borrar la memoria y favorecer la colonización de la cultura dominadora, pero fue a partir de la Segunda Guerra Mundial que, dado el alto grado destrucción y expolio que se produjo, comenzaron a surgir instrumentos internacionales de protección, porque el patrimonio cultural es una riqueza frágil, que no es renovable, ya que una vez perdida no es recuperable. Todas las culturas forman parte del patrimonio común de la Humanidad y se empobrece cuando se destruye la cultura de un grupo determinado.

El patrimonio cultural es un reflejo de la cultura de cada sociedad y debe ser conservado por su valor universal excepcional. En su sentido más amplio, abarca no solo el patrimonio material, sino también el patrimonio natural e inmaterial. Incluye desde los monumentos artísticos a otras categorías como el patrimonio industrial o el paisaje cultural, un concepto que surgió de la interacción entre el patrimonio cultural y el natural. El patrimonio cultural da sentido a la sociedad y sirve de marco a ideologías, imaginarios, símbolos y discursos, porque la memoria histórica que transmite implica un legado, una enseñanza, que trasfiere valores y forja la identidad de las personas (Gutiérrez-Cortines Corral, 2002).

Actualmente, el patrimonio cultural tiene un valor añadido al histórico, al social y al de identidad cultural, porque se considera una fuente de inspiración para la creatividad e innovación, que contribuye a la construcción de soluciones para avanzar hacia la sostenibilidad. Por tanto, la protección del patrimonio cultural es esencial para promover el desarrollo sostenible. Sin embargo, hasta ahora, la protección del patrimonio cultural ha sido escasa.

Teniendo en cuenta que el patrimonio cultural es una riqueza frágil, requiere de modelos de desarrollo que preserven su diversidad y su singularidad. Sin embargo, actualmente, el patrimonio cultural se enfrenta a los desafíos más acuciantes de la historia. Se ha explotado sin dar nada a cambio, descuidando su conservación, afectado por los efectos del cambio climático, la lluvia ácida o la urbanización descontrolada, e impulsando su consumo masificado sin protegerlo del tremendo impacto de las visitas, o los conflictos entre comunidades que han generado enormes tragedias culturales, con unas consecuencias que hacen absolutamente necesario establecer cuanto antes una relación sostenible. Seguir este camino de sacrificar tanto la naturaleza como los pueblos y sus culturas, buscando el lucro inmediato y sin tener en cuenta el largo plazo, la ética, ni la responsabilidad, puede impedir que los disfruten las futuras generaciones.

Para avanzar hacia el desarrollo sostenible, es indispensable realizar actividades de protección del patrimonio cultural y el natural, teniendo en cuenta que es necesario adaptarse a las características de cada región, como señalan el Consejo Internacional de Museos (ICOM) y la Federación Internacional de Amigos de los Museos (FIAM). No basta con conservar el patrimonio cultural como si los monumentos artísticos fueran islotes, porque el entorno en que se encuentran es fundamental también para preservarlo.

Es necesario investigar el papel de la protección del patrimonio cultural en la transformación de la realidad social. Actualmente, tal como señala Gilles Lipovetsky en su reciente libro *La consagración de la autenticidad* (2024), existe un fenómeno que surgió durante el último cuarto del siglo pasado cuando comenzó una ola de fervor por la ética de la autenticidad, que implica un incremento del interés por el patrimonio cultural en todas sus formas como depositario del valor de la autenticidad. Se multiplican las asociaciones en defensa del patrimonio y se restauran los barrios antiguos, como el Cabanyal de Valencia. Las singularidades culturales portadoras de memoria histórica son celebradas por su dimensión simbólica de autenticidad. La época elitista en que el patrimonio solo interesaba a historiadores de arte y conservadores ha quedado atrás y es objeto de interés por un público muy amplio. El entusiasmo por el patrimonio se extiende más allá de los monumentos y los museos. Las asociaciones se movilizan para salvaguardar el pequeño patrimonio, que supone el alma de su pueblo, su ciudad o su región. Estamos en las antípodas de la época en que se demolían barrios para construir otros más modernos. A medida que desaparecen los antiguos marcos de vida, aumenta la voluntad de recuperarlos, como una demanda de identidad colectiva que es la manifestación de la crisis identitaria del individuo actual provocada por la apisonadora de la globalización, que ha generado un agotamiento de la fe en el progreso. También se valora disfrutar de una experiencia estética singular que genera un mayor bienestar existencial. Por tanto, la protección del patrimonio como algo único e irrepetible desencadena emociones y genera una mayor implicación ciudadana para preservar esos tesoros y legarlos a las futuras generaciones.

La cultura es el alma de las sociedades y el patrimonio cultural es su memoria

El patrimonio abarca todo aquello que heredamos del pasado y que nos define como sociedad, por tanto, la cultura es el alma de las sociedades en cada lugar de la Tierra. Como señala Satish Kumar (2014), tierra, alma y sociedad son tres aspectos que se nutren, retroalimentan e interactúan mutuamente, porque el desarrollo del Ser no se concibe fuera de una sociedad y la sociedad no está fuera de la Tierra. En la nueva era de la sostenibilidad, esta trilogía representa la emergencia de un auténtico pensamiento holístico. Los ideales de tierra, alma y sociedad incluyen la protección del patrimonio cultural y natural que están directamente conectados con cada persona, porque todos somos uno. No puede concebirse la dimensión cultural sin el territorio, que marca la ocupación humana siendo portador de historia, sentido y significado para las poblaciones que lo habitan (Luque Gallegos, 2015).

A finales de octubre de 2017, se produjo un tremendo incendio que amenazó con destruir la Ribeira Sacra, un mágico lugar de Galicia, donde se encuentra la mayor concentración de monumentos románicos de Europa. Los voluntarios que se unieron a las brigadas forestales para combatir el fuego, sin descansar ni dormir, no solo lucharon por salvar las vidas y viviendas de los habitantes de los pueblos, así como a los bosques y los animales, sino además las iglesias y monasterios que constituyen este patrimonio monumental románico, mientras los vecinos, lloraban de impotencia. Para ellos este patrimonio románico es importante porque forma parte de su identidad y es una fuente importante de ingresos. Todos coincidían en que nunca habían visto algo así. La impresionante rapidez de propagación de las llamas se debió a los efectos del cambio climático, con una temperatura muy por encima de lo que habitual en Galicia en esa época del año y unas fuertes rachas de viento provocadas por el huracán Ophelia en el océano Atlántico, el más potente que ha pasado por Europa, que, sumado a los montes abandonados, facilitaron el trabajo a los terroristas incendiarios.

Un incendio de un patrimonio cultural que causó más consternación aún, por su simbolismo, fue el que arrasó la catedral de Notre Dame de París en 2019. Durante el incendio no solo los franceses lloraban atónitos, sino que las imágenes emitidas en todo el mundo conmocionaron el espíritu de millones de personas, creyentes o no, porque un edificio simbólico de la cultura occidental, uno de los más bellos del mundo, parecía que iba a desaparecer. En este caso, no se debía a los efectos del cambio climático, sino a la deficiente protección de un patrimonio universal excepcional, histórico, cultural, espiritual e, incluso, literario desde la publicación de *Nuestra Señora de París* de Víctor Hugo, más conocida como *El jorobado de Notre Dame*. El incendio tuvo en vilo al mundo entero durante nueve horas. Afortunadamente, no murió nadie, pero los destrozos generaron tal dolor en el corazón de los franceses, que las familias con las mayores fortunas se apresuraron a anunciar donaciones para su reconstrucción que sumaban más de mil millones de euros y el presidente francés lo convirtió en una prioridad absoluta. De pronto, los franceses se sentían un poco más perdidos en un mundo cambiante, porque la catedral es un faro que ilumina desde la antigüedad como un bastión de su identidad y se había apagado. Tal fue el impacto del incendio, que el director francés Jean-Jacques Annaud ha realizado una obra cinematográfica para plasmar el suceso, señalando que el incendio de Notre Dame nos avisó de que lo que creíamos imposible puede suceder.

La pandemia mundial provocada por la COVID-19 también puso de manifiesto la necesidad de proteger el patrimonio cultural, cuando detuvo de repente el ritmo frenético de millones de personas que, confinadas en sus casas, encontraron en la cultura una vía de escape, en gran parte gracias a muchas instituciones culturales que abrieron o ampliaron sus canales digitales para dar acceso al patrimonio cultural mediante visitas virtuales y proporcionar contenidos a la ciudadanía. Las medidas de distanciamiento físico se convirtieron en una oportunidad creativa en lugar de una limitación, para reinventar experiencias colectivas culturales gracias a las tecnologías digitales, donde el público tiene su papel que desempeñar como protagonista y participante. La cultura ha resultado ser un recurso básico de conexión y de bienestar de las personas, que hace deseable su revaloración como sector estratégico, así como el fortalecimiento de los derechos culturales.

La pandemia mundial ha marcado el nacimiento de una nueva época. Ha dado lugar a una reflexión sobre la relación de las personas con el patrimonio cultural y se ha producido un cambio de perspectiva, de modo que las instituciones culturales se han planteado como ser más inclusivas y accesibles a un público más amplio. Hay que destacar que, a partir de entonces, los gobiernos locales se han esforzado en garantizar los derechos culturales, mientras los sectores culturales y creativos se han movilizado, y la sociedad civil se ha sumado liderando también algunas iniciativas volcándose en la cultura.

Sin embargo, sigue sin existir la conciencia de la necesidad urgente de proteger el patrimonio cultural, que está expuesto al riesgo de destrucción por el cambio climático. Recientemente en Valencia, con la DANA de 29 de octubre de 2024 y la destrucción, como consecuencia de sus efectos, de algunos museos municipales y monumentos, descubrimos que se estaba convirtiendo en realidad la advertencia que realizaba la Unión Europea en 2022 a través del documento del grupo de expertos del método Abierto de coordinación (MAC), *Reforzar la resiliencia del patrimonio cultural ante el cambio climático*,[8] en el que los expertos señalan que el cambio climático está amenazando de forma directa e indirecta todas las formas de patrimonio cultural, ya sea un sitio del patrimonio mundial o una pequeña capilla de una zona rural o un jardín histórico. Explicaba que las amenazas más obvias se derivan de fenómenos climáticos extremos, como precipitaciones torrenciales, olas de calor prolongadas, sequías, fuertes vientos y el aumento del nivel del mar, que aumentarán drásticamente en el futuro, tal como prevé el Grupo Intergubernamental de Expertos sobre el Cambio Climático. Sin embargo, constataban que hay una falta de concienciación

---

8. <https://data.europa.eu/doi/10.2766/14959> (consulta: 29/11/2025).

y falta de acción en los estados miembros de la UE y a escala europea. De los veintiocho países estudiados, solo doce países declararon que el patrimonio cultural está presente en las políticas de cambio climático. Con el fin de mejorar la protección del patrimonio cultural contra el cambio climático, es necesario identificar las lagunas y los obstáculos existentes. Los principales puntos débiles son la fragmentación del sector, que carece de una estructura eficaz, y el bajo nivel de intercambios, cooperación y coordinación en las cuestiones relativas al cambio climático, que se ven agravados por unos programas de investigación insuficientes. El grupo de expertos del MAC subrayó que en este «período tormentoso», en el que la relación entre la naturaleza y los seres humanos está constantemente amenazada por el aumento de los desequilibrios y las desigualdades, la «valentía cultural para el cambio» es la mejor respuesta posible de los responsables políticos. Estas recomendaciones del grupo de expertos del MAC sobre la dimensión cultural del desarrollo sostenible se incluyeron en el Informe de la Comisión al Parlamento Europeo, al Consejo, al Comité Económico y Social Europeo y al Comité de las Regiones en diciembre de 2022 sobre la dimensión cultural del desarrollo sostenible en las acciones de la UE[9] que señala que la cultura y las políticas culturales deben utilizarse de manera más sistemática para abordar cuestiones contemporáneas importantes relacionadas con el cambio climático y los objetivos del Pacto Verde Europeo.

En España, una de las primeras potencias culturales a nivel mundial por su patrimonio histórico y artístico, se ha infravalorado a menudo su capacidad de generar innovación y riqueza, de modo que los más grandes recortes presupuestarios han ido al campo de la cultura, pero estamos en un momento crucial para adoptar el liderazgo en no solo en la protección del patrimonio cultural sino también en acrecentarlo y difundirlo, impulsando el acceso de los ciudadanos a los bienes culturales, y en general a la cultura. De acuerdo con el principio de subsidiariedad, se desarrollan técnicas descentralizadoras mediante la habilitación de los ayuntamientos en las tareas de control preventivo en materia de patrimonio cultural, de modo que la responsabilidad de mantener en buen estado los bienes culturales recaiga en las poblaciones que tienen un contacto directo con ellos, haciéndoles conscientes de que el patrimonio es suyo. El patrimonio cultural forma parte de la identidad de las comunidades y por ello toda persona tiene derecho a su identidad cultural y a acceder a los patrimonios culturales a través del ejercicio de los derechos a la educación e información. Sin embargo, en general la sociedad actual ha delegado en los

---

9.   <https://eur-lex.europa.eu/legal-content/ES/TXT/HTML/?uri=CELEX:52022DC0709> (consulta: 28/03/2025).

poderes públicos la responsabilidad de velar por el patrimonio cultural y se limita a un consumo pasivo y masificado. Por ello es importante concienciar a la sociedad de la importancia que tiene el patrimonio cultural y plantear una relación sostenible.

Los derechos culturales, como los medioambientales, forman parte de los derechos humanos de tercera generación, los llamados derechos de la solidaridad, y los organismos tanto internacionales como nacionales velan por su protección los instrumentos pertinentes, garantizando que toda persona, de forma individual o colectiva, pueda alegar la violación de estos derechos, además de que pueda participar por medios democráticos en la elaboración, puesta en práctica y evaluación del ejercicio de sus derechos.

Por otra parte, aún existen obstáculos para la participación de la población en la conservación de los bienes culturales mediante la gobernanza cultural participativa por el recelo de los gestores culturales, los políticos y las instituciones titulares del patrimonio, que siguen sin involucrar a la sociedad civil a pesar de que cada vez está más reconocido que la protección del patrimonio cultural solo puede partir de la concienciación social, para lo cual es necesario educar a la sociedad para que participe.

La forma de relacionarse de la humanidad con el patrimonio cultural tiene que cambiar y empezar a ser entendida desde el concepto de sostenibilidad, para lo cual es necesario un enfoque de la protección del patrimonio cultural que haga hincapié en encontrar el justo equilibrio entre el interés de la población para sacar provecho del patrimonio cultural y preservarlo para las generaciones futuras, lo que requiere no solo protección frente a las condiciones ambientales adversas y el daño intencionado, sino también cuidados constantes y renovación permanente, porque el patrimonio cultural se ha de entender de tal manera que sus funciones sociales y culturales, sean permanentemente revisadas y adecuadas a las necesidades del presente. Como señala Lipovetsky (2024), actualmente el *ethos* consumista ha dado lugar a que las políticas de patrimonio que se realizaban para la educación estética del ciudadano busquen la rentabilización con vistas al crecimiento económico. El patrimonio se utiliza como capital estético, transformando los monumentos en espectáculos mágicos para atraer visitantes. No obstante, los beneficios son superiores a las amenazas, porque resulta más sostenible que demoler o reconstruir y se frena la desaparición de los emblemas del pasado.

Para proteger el patrimonio cultural es necesaria una gestión de forma integrada y holística con la participación de los artistas, los gestores culturales, los historiadores y todos los profesionales de la cultura junto con los ciudadanos, es decir, no actuar solo desde los ámbitos científicos y administrativos sino teniendo en cuenta los puntos de vista de la población de cada zona y su cultura. La transferencia y el intercambio de conocimientos contribuirán a la protección del patrimonio cultural y avanzar hacia un desarrollo sostenible.

La cultura es el cuarto pilar del desarrollo sostenible

Aunque la cultura es un puente que enlaza los ecosistemas humanos y naturales, que puede permitir encontrar los caminos para avanzar hacia la sostenibilidad, la tendencia en las conferencias sobre desarrollo sostenible de Naciones Unidas ha sido buscar las soluciones en la ciencia. Esto se debe a un concepto de cultura enfocado a los creadores y sus obras, pero al igual que la ciencia, el arte es un instrumento para explorar la realidad existente y, además, permite construir nuevas realidades. La situación actual requiere la búsqueda de caminos superando fronteras disciplinares y creando propuestas metodológicas alternativas. Al no existir un modelo para avanzar hacia la sostenibilidad, necesitamos la creatividad y la imaginación, nuevas ideas y procesos de experimentación para generar una cultura sostenible, de acuerdo con la idiosincrasia de cada lugar.

La cultura no solo es un elemento relevante del desarrollo sostenible sino la dimensión que lo subyace. Por tanto, resulta necesario añadir un cuarto pilar, la cultura, al concepto de desarrollo sostenible derivado del Informe Brutland. No se trata solo de darle trasversalidad en los tres ejes del desarrollo sostenible, ni de promover el desarrollo de industrias culturales, sino de reconocer que es necesaria una reconsideración de la actual cultura insostenible y reconocer la dependencia de la naturaleza. Aunque así fue señalado por la UNESCO y diversas redes globales y regionales, como la Organización Mundial de Ciudades y Gobiernos Locales Unidos, la Agenda 2030 aprobada en la resolución de las Naciones Unidas, el 25 de septiembre de 2015, no incluyó entre sus 17 objetivos uno dedicado a la cultura. Sin embargo, en el punto 36 de la resolución hace una referencia explícita: «Nos comprometemos a fomentar el entendimiento entre distintas culturas, la tolerancia, el respeto mutuo y los valores éticos de la ciudadanía mundial y la responsabilidad compartida. Reconocemos la diversidad cultural y natural del mundo y también que todas las culturas y civilizaciones pueden contribuir al desarrollo sostenible y desempeñan un papel crucial en su facilitación».[10] Además, algunas de las metas de la Agenda 2030 están relacionadas con la cultura (Martinell, 2020):

10.   <https://unctad.org/system/files/official-document/ares70d1_es.pdf> (consulta: 22/10/2024).

- La séptima meta del ODS 4 promueve «una cultura de paz y no violencia, la ciudadanía mundial y la valoración de la diversidad cultural y de la contribución de la cultura al desarrollo sostenible».
- La tercera meta del ODS 8 promueve que las políticas de desarrollo «apoyen las actividades productivas, la creación de empleo decente, el emprendimiento, la creatividad y la innovación».
- La novena meta del ODS 8 impulsa «un turismo sostenible que cree puestos de trabajo y promueva la cultura y los productos locales».
- La cuarta meta del ODS 11 exige «redoblar los esfuerzos para proteger y salvaguardar el patrimonio cultural y natural del mundo».

Desde la aprobación de la Agenda 2030, la conexión entre patrimonio cultural y desarrollo sostenible ha aparecido en cada vez más declaraciones, manifestaciones y documentos de política en general, como la Nueva Agenda Urbana, adoptada en la Conferencia de las Naciones Unidas sobre Vivienda y Desarrollo Urbano Sostenible en el 2016, que hace referencia a la importancia de estimular la participación de las comunidades locales, aunque todavía resulta bastante limitada la consulta con las comunidades en las actividades de mapeo, planificación y evaluación y en la planificación de políticas públicas.

Por tanto, resulta necesario favorecer un ecosistema cultural amplio en el que debe existir una responsabilidad conjunta de ciudadanos, sociedad civil y gobiernos, y fomentarse el diálogo, convivencia e interculturalidad como principios básicos de la dinámica de relaciones ciudadanas. En este sentido, las instituciones culturales pueden impulsar plataformas de diálogo para crear nuevos caminos hacia el desarrollo sostenible, porque tienen la capacidad de convertirse en ágoras para la transformación social.

Por tanto, el papel de la cultura como pilar del desarrollo sostenible tendrá que ser impulsado desde la base de la sociedad hasta emerger en las decisiones de la ONU. A pesar del trabajo realizado tan positivo aún queda mucha lucha para lograrlo, pero es posible conseguirlo.

La sostenibilidad cultural

El concepto de desarrollo sostenible incluyendo la cultura como cuarto pilar junto con el económico, el social y el medioambiental, implica que existe una sostenibilidad cultural. La sostenibilidad cultural, a través del patrimonio, presenta varios aspectos: en el ámbito sociopolítico, el patrimonio cultural afirma una identidad que contribuye al sentido de solidaridad entre sus ciudadanos; en términos económicos, el patrimonio cultural es una fuente de ingresos a través del aprovechamiento turístico de los recursos culturales y posibilita el desarrollo económico, la generación de empleo y las posibilidades de inversión; desde el punto de vista medioambiental, la sostenibilidad cultural a través del patrimonio rescata el uso de aquellos saberes tradicionales cuya práctica se ha considerado respetuosa con la ecología.

La sostenibilidad cultural implica saber de dónde venimos para proyectar a dónde vamos, y hay que generar sinergias y alianzas entre los actores para establecer estrategias como generar una comunidad de conocimiento, impulsar capacidades culturales institucionales que estén al servicio de nuevos modelos de gobernanza, establecer la cultura como un ecosistema en el que se desarrollen los ODS y reconocer los derechos culturales como el derecho a ser, a participar en la comunidad y a expresarse. En este sentido, hay que destacar que en los ODS apenas se habla de los derechos humanos y esto tiene que cambiar.

La cultura sostenible

El concepto de desarrollo sostenible incluyendo la cultura implica un replanteamiento filosófico de la cultura actual y su relación con la naturaleza, como hizo Heidegger a principios de los años cincuenta del siglo XX, cuando manifestó una nueva conciencia sobre el modo de habitar el planeta y la necesidad de replantearse las relaciones entre la humanidad y la naturaleza, tras la Segunda Guerra Mundial, advirtiendo de las consecuencias adversas para la naturaleza de la tecnología moderna. Así pues, la cuestión es cómo puede la cultura transformar el mundo. La Agenda 2030 en señala en su Preámbulo: «todas las culturas y civilizaciones pueden contribuir al desarrollo sostenible y desempeñan un papel crucial en su facilitación». Hay que comprender que el rol de la cultura es fundamental porque determina la relación del ser humano con la naturaleza y está claro que no avanzamos por el camino correcto. Cuando perdemos la conexión con la naturaleza perdemos la conexión con nosotros mismos, por tanto, el reto actual es reequilibrar la conexión con la Tierra, a nivel social y también a nivel espiritual. No existe una fórmula general para realizar la transición a una cultura sostenible, pero existe una ética sostenible común, y los caminos hacia el desarrollo sostenible deben construirse contextualizados en el marco cultural de cada comunidad partiendo de la ética sostenible. Aunque el marco holístico de la Agenda 2030 ofrece varias vías para integrar la cultura, el número limitado de metas que mencionan la cultura de forma expresa no incita lo suficiente a los responsables de la elaboración de políticas a reflexionar sobre la importancia de la cultura en general a la hora de alcanzar los ODS, y menos aún sobre la aportación específica de las industrias culturales y creativas (Herrero, Cembranos y Pascual, 2019).

Estamos viviendo un tiempo clave para que las infraestructurales patrimoniales y los museos decidan transformar su contribución a las sociedades, mejorando las vidas de los ciudadanos, creando lugares mejores, aprovechando el papel tradicional de preservar las colecciones y conectando a los ciudadanos con ellas. Actualmente, los museos están en un proceso de cambio para afrontar los nuevos retos apartando el foco de las colecciones propias y creando comunidades y experiencias, de modo que el conocimiento se compartirá en ambas direcciones con los usuarios. Lo importante será, más que la cantidad de obras que contiene el museo, el uso que se les dé para contar historias y crear redes de colaboración que permitan mejorar la sociedad en la que se encuentran. Las investigaciones sobre la percepción de la sociedad sobre los museos muestran que la gente confía bastante más en los museos que los gobiernos, los medios de comunicación, o las empresas, pero muchos museos aún mantienen políticas obsoletas, con una gestión de las colecciones desfasada, sin contar con los ciudadanos. Los museos deberían usar su posición de confianza para impulsar a la gente a reflexionar sobre cuestiones de ética sostenible, relacionadas con la situación del mundo.

El problema de partida que tiene la cultura, tanto en las políticas como en la sociedad civil, es que se considera que es algo extraordinario y privativo, separado de la vida cotidiana, y los ciudadanos no defienden su derecho a la cultura, porque les parece algo ajeno. Por tanto, es necesario un cambio de paradigma entendiendo la cultura como un bien común y establecer una buena gobernanza que permita procesos decisorios donde tenga cabida el debate, la deliberación y, sobre todo, la reflexión conjunta que posibilita el aprendizaje mutuo y la adopción de decisiones consensuadas. Hay que cambiar el modelo de liderazgo individual por un modelo colaborativo. Pero una buena gobernanza no puede estar garantizada solo por los gobiernos y las administraciones públicas que actúan individualmente, sino que es necesario crear alianzas entre diversos actores, tal como indica el ODS 17, mecanismos de diálogo y coordinación intersectorial en cada país, así como promover la creación de un espacio de colaboración y un marco normativo que involucren a los diversos sectores. El establecimiento de redes de colaboración contribuirá a definir la cultura sostenible con una cosmovisión que restaure el equilibrio con la naturaleza, nuevos relatos fundacionales y una estética sostenible (San Martín, 2007). Hay que asumir retos, imaginar nuevas posibilidades y demostrar que se puede trabajar de otra forma, contando diferentes historias.

La contribución de las instituciones culturales para el desarrollo sostenible

Las instituciones culturales, como guardianas de la identidad de las sociedades y protectoras de un patrimonio cultural en riesgo, están asumiendo el liderazgo para proponer soluciones a nivel mundial que permitan construir caminos que conduzcan a culturas sostenibles integrando la idiosincrasia de cada sociedad, teniendo en cuenta que un eje vertebrador de la Agenda 2030 es la necesidad de generar alianzas entre diversos actores. Es necesario promover una amplia implicación de la cultura, desde el sector privado hasta la sociedad civil y las administraciones públicas, para formar una alianza del sector cultural para el desarrollo sostenible.

Actualmente, las instituciones culturales se han multiplicado, y en el caso de los museos ha sido hasta tal punto que ya no pueden pretender alojar los tesoros únicos del arte. El museo se mantiene como un lugar de culto, pero lo hace en el mismo sentido en el que las catedrales también lo son: el recuerdo de lo antiguo atrae a muchedumbres de turistas, y ya no a creyentes (Michaud, 2009). Teniendo en cuenta el concepto de cultura como bien común, las instituciones culturales deben ser consecuentes y programar para la consecución de sociedades sostenibles con la participación de la comunidad en la que habitan. Una fórmula de trabajo es identificar en cada actividad cómo pueden incorporar los ODS y otra opción es buscar las metas concretas que tocan la cultura para trasladarlas a programas y prácticas. Pero es necesario generar alianzas para que nadie quede atrás, utilizar un lenguaje que sea entendible para todos y generar historias para concienciar a las comunidades, que pueden ser al mismo tiempo escritoras y lectoras. La programación de forma sostenible requiere más esfuerzo, pero se puede convertir en una oportunidad para fomentar la creatividad.

Estos retos se pueden convertir en oportunidades, que con inventiva y esfuerzo se les puede dar la vuelta dándole un carácter mucho más original. Hay que tener en cuenta las pequeñas decisiones ya que en realidad nunca son pequeñas, como decidir si imprimir o no, o si es imprescindible hacer la reunión física que se puede hacer por Skype, etcétera. Entendiendo que la institución cultural es un ecosistema, se puede establecer una metodología de implantación del desarrollo sostenible que se base en el aprendizaje colectivo. Se puede propiciar un mejor conocimiento del entorno y sus valores incorporándolo en la programación, en la que es fundamental la diversidad de enfoques, dar más visibilidad a las lenguas originarias, dar un espacio igualitario o promover la identidad, resaltando el valor de lo local.

Para avanzar son claves la colaboración, el trabajo en red, buscar la hibridación entre sectores, la educación, la planificación y la voluntad. El objetivo ha de ser llegar a extender los cambios de actitud y comportamiento al conjunto de actividades que podemos realizar. Se requiere de cierto esfuerzo adicional para ser sostenible, pero vale la pena.

En cada sector cultural se pueden adoptar medidas sostenibles: en los museos, gestionando y preservando los recursos patrimoniales culturales con la implicación de la comunidad como aliada; en el sector audiovisual, con vídeos cortos sobre el desarrollo sostenible que abran las mentes sobre el impacto que tiene nuestro modo de vida en otros países con imágenes imborrables; en el sector de la música, con festivales que utilicen medidas y protocolos sostenibles en la organización; en el sector del cine, con el *storytelling* porque las historias que se cuentan invitan a la reflexión, y los festivales son lugares de encuentro y reflexión para impulsar a la acción; en el sector de la televisión es posible conseguir resultados muy importantes para concienciar a la gente, mostrando estilos de vida más sostenibles a través de los protagonistas de las series, que se desplazan en bicicleta o vehículos ecológicos, viven en casas con techos solares, etcétera, para normalizar esta forma de vida. De este modo se trata de contagiar experiencias positivas no de imponerlas. En el sector literario se puede actuar creando contenidos relacionados con la sostenibilidad e incorporando herramientas para que la edición de libros sea sostenible, como el sello ecológico o las licencias abiertas (*creative commons*) que permiten que se conozcan más los títulos, cambiando el concepto de colaboración o cooperación como que suma, no resta. En este punto, destaca al papel que realizan las editoriales públicas como la Institució Alfons El Magnánim, de la Diputación de Valencia, una editorial pública que supone un centro de debate de referencia, con la presencia de científicos, filósofos, humanistas y científicos sociales de relevancia estatal e internacional. Además de publicar obras literarias que abordan temas relacionados con los ODS, como la pobreza, la desigualdad, o los problemas de género, organiza debates, conferencias y congresos. Por su fin de servicio público, debe dejar de lado la rentabilidad económica para centrarse en la rentabilidad social y cultural. Esta institución hace posible la publicación de estudios, análisis, ensayos, textos y demás producción literaria, con temáticas minoritarias, pero totalmente necesarias para el desarrollo social y cultural de la sociedad, que no resultan rentables para las editoriales privadas. Se trata de obras con un público reducido, pero no por ello dejan de ser necesarias. Si no fuera por las editoriales públicas que apuestan por esas líneas editoriales perderíamos un patrimonio cultural fundamental para conocer la identidad de las sociedades, así que es necesario que existan para un futuro sostenible.

La gobernanza cultural participativa

Desde que la Declaración Universal de los Derechos Humanos, aprobada en 1948 por Naciones Unidas, estableciera, en su artículo 27, que «toda persona tiene derecho a tomar parte libremente en la vida cultural de la comunidad, a gozar de las artes y a participar en el progreso científico y en los beneficios que de él resulten»[11] ha transcurrido mucho tiempo, pero hoy el concepto de participación en las artes y la cultura es más relevante que nunca. Es más, ha surgido la idea de que la ciudadanía debe participar, no solo en actividades culturales, sino también en la propia gestión de la cultura y del patrimonio cultural. Cuando hablamos de patrimonio cultural nos estamos refiriendo a algo que es de todos, por lo que deberíamos sentirnos responsables y activos con respecto al mismo. El patrimonio cultural pertenece a la humanidad y es confiado a museos e instituciones culturales para que lo protejan y las generaciones venideras puedan disfrutar de él.

El concepto de gobernanza trasmite la idea de superación del modelo de gobierno burocrático jerárquico por un modelo cooperativo más descentralizado que apuesta por la complementariedad entre el sector público, el sector privado y las organizaciones, grupos e individuos que conforman la sociedad civil. En el sector cultural, la gobernanza implica a las partes interesadas en procesos comúnmente reservados a los expertos. Es un proceso creativo que implica experimentar, explorar y examinar ideas en diferentes contextos, que supone ir más allá de la aceptación pasiva de la voluntad popular.

La gobernanza participativa de patrimonio cultural tangible, intangible y digital es un enfoque innovador, mediante el que se introduce un cambio real en cómo se gestiona y valora el patrimonio cultural. Es también más sostenible a largo plazo que el enfoque que se empleaba hasta ahora. Es un proceso creativo que implica experimentar, explorar y examinar ideas y opciones antiguas y nuevas en diferentes contextos. Se trata de ampliar nuestros horizontes y no centrarse en las consecuencias finales o en maneras de medir el resultado. Se trata de atreverse, ser valiente y

---

11.   <https://www.un.org/es/about-us/universal-declaration-of-human-rights> (consulta: 22/10/2024).

superar los límites. Ello implica estar preparado para ir más allá de la aceptación pasiva de la «voluntad popular».

La gobernanza cultural participativa tiene como fin democratizar la cultura y ampliar el acceso a los recursos culturales, pero es necesario formar a los participantes sobre la importancia del patrimonio cultural y establecer mecanismos de diálogo y de coordinación entre los grupos de trabajo, con estrategias conjuntas y programas transversales. Existe una conexión directa entre la noción de sistemas sostenibles de gobernanza cultural y el paradigma del gobierno abierto, que se basa en el principio de la participación, pero también en los principios de colaboración con la sociedad civil, de transparencia y de rendición de cuentas. También promueve la innovación cívica como modalidad de colaboración, y la creación conjunta como estrategia para generar las mejores soluciones a los problemas de interés público (Delfín, 2022).

Al incorporar prácticas participativas, las instituciones culturales que protegen el patrimonio cultural reconocen que los conocimientos de la ciudadanía local y de los usuarios no especializados son tan importantes como las competencias de los expertos, y admiten que el papel desempeñado por el público es fundamental. Para que estas iniciativas funcionen es necesario que se valoren en igual medida a todos los que forman parte del proceso participativo, así que las instituciones deben de estar dispuestas a renunciar a parte de su autoridad. Hay que empoderar a las personas que participan y apoyar a los profesionales del patrimonio cultural que actúan como facilitadores e intermediarios en los procesos participativos. En cualquier caso, si las personas de la comunidad están implicadas en la gestión se va a generar un mayor sentido de propiedad colectiva en la comunidad y facilitar la sostenibilidad de las instituciones culturales. El patrimonio cultural tiene el poder de llegar al corazón de las personas, ya que refleja su sentido de identidad, sus valores y su visión del mundo, pero aún falta concienciación sobre su vulnerabilidad por las crecientes amenazas que plantea el cambio climático, y sigue siendo muy baja tanto en la comunidad dedicada al patrimonio como en la sociedad en general y el ámbito de la adopción de decisiones políticas. Por lo tanto, son necesarios los esfuerzos combinados de los gobiernos y organismos nacionales, los museos, las instituciones académicas y patrimoniales, las asociaciones de beneficencia, las organizaciones comunitarias, las organizaciones no gubernamentales, las empresas, las compañías artesanales, así como la cooperación entre expertos en patrimonio cultural, cambio climático, economía y humanidades.

Para reforzar que la gobernanza cultural participativa sea sostenible es vital fomentar la igualdad de género y que exista una participación activa de las mujeres, en calidad de artistas y profesionales de la cultura (Sandoval, Sanhueza y Williner,

2025). Los obstáculos existentes en los sectores cultural y creativo presentan simi-litudes con los que prevalecen en otros sectores económicos, y las mujeres hacen frente a muchos obstáculos, porque su presencia en puestos de toma de decisio-nes y de liderazgo es mucho menor, perciben una remuneración más baja que los hombres, no gozan de igualdad de acceso a recursos de creación y producción, y sus trabajos son, a menudo, menos visibles y no están debidamente reconocidos. A través de la gobernanza cultural participativa es posible promover la visibilidad y la representación de las mujeres en los sectores cultural y creativo, y apoyar a las redes profesionales y artísticas y las iniciativas de orientación para empoderar a las mujeres en las profesiones artísticas y culturales.

Los amigos de los museos

Las asociaciones de amigos de museos son representantes de la voz de la sociedad amante del arte y, por tanto, tienen un papel muy relevante en la reflexión sobre la misión de los museos y su sostenibilidad, y pueden ser canalizadores de los princi-pios de desarrollo sostenible para los ciudadanos, contribuyendo así al avance de la sociedad hacia la sostenibilidad.

Prácticas participativas:

— Proyectos contributivos: se solicita a los visitantes que aporten objetos concretos y limitados y acciones e ideas a un proceso controlado institu-cionalmente.

— Proyectos colaborativos: se invita a los visitantes a actuar como socios activos en la creación de proyectos institucionales impulsados por una institución y fundamentalmente controlados por esta.

— Proyectos cocreativos: los miembros de una comunidad trabajan desde el principio con el personal institucional en la definición de los objetivos del proyecto y la generación del programa o exposición conforme a los intereses de dicha comunidad.

— Proyectos alojados: la institución cede una parte de sus instalaciones o re-cursos para presentar programas desarrollados y ejecutados por el público.

La Asociación de Amigos del Museo de Bellas Artes de Valencia ha tenido la iniciativa de apoyar la misión de los museos de contribuir a crear sociedades sostenibles, considerando que el arte es un instrumento idóneo para avanzar hacia sostenibilidad porque, a través de la verdad y la belleza, llega al corazón de las personas. Tiene un superpoder que es su capacidad simbólica universal, que conduce de un modo intuitivo a las ideas y abre las puertas del interior de las personas. La propuesta es generar un arte como experiencia colectiva igual que el arte primitivo o la catedral de la Edad Media para propiciar la participación activa de la ciudadanía. En 2017 aprobó el Programa Arte para la Sostenibilidad en el Museo, que coordino, incluyendo un documental en el que se narra el evolución de la relación del ser humano con la naturaleza a través de las obras de arte del museo y muestra cómo la riada de 1957 supuso la inundación del museo y la destrucción de varias obras, con el fin de concienciar sobre la necesidad de protección del patrimonio cultural de las consecuencias del cambio climático, así como impulsar una cultura sostenible en Valencia con una relación de respeto al patrimonio cultural y natural. Este programa obtuvo recientemente el Premio Excelencia ODS de la Federación Española de Amigos de Museos y la Fundación Aon.

CONCLUSIONES

Aun siendo consciente de que en estas breves referencias no se ha agotado el análisis de las fórmulas de gobernanza participativa de las instituciones culturales, pueden extraerse unas breves conclusiones, a modo de resumen, sobre las reflexiones planteadas.

En primer lugar, no debe olvidarse que nuestro punto de partida venía dado por el sentido del patrimonio cultural como alma de cada sociedad, que debe ser conservado por su valor universal excepcional, porque implica un legado que trasfiere valores y forja la identidad de las personas, y resulta una fuente de inspiración para la creatividad e innovación, que contribuye a la construcción de soluciones para avanzar hacia la sostenibilidad. Por tanto, la protección del patrimonio cultural es esencial para promover el desarrollo sostenible, pero, hasta ahora, la protección ha sido escasa, siendo explotado buscando el lucro inmediato, sin preservar su conservación, con unas consecuencias que hacen absolutamente necesario establecer cuanto antes una relación sostenible para que puedan disfrutarlo las futuras generaciones. Pero no basta preservar el patrimonio cultural como si los monumentos artísticos fueran islotes, dado que el entorno en que se encuentran es fundamental también para preservarlo, y las actividades de protección deben adaptarse a las características de cada región.

En segundo lugar, en general, apenas se aborda el vínculo entre el patrimonio cultural y el cambio climático, y se trata de una oportunidad perdida, ya que el patrimonio puede utilizarse como medio para comunicar información sobre el cambio climático y todas sus consecuencias para las sociedades. En general, cuando se aborda el tema del cambio climático, sigue centrándose en gran medida en aspectos técnicos y funcionales, y, en ocasiones, también en los económicos, mientras que los aspectos culturales y sociales no se tienen en cuenta. Para que esta situación cambie, se debe reforzar la promoción de proyectos y programas didácticos específicos.

En tercer lugar, es necesario un enfoque social, dinámico y participativo de la protección del patrimonio cultural. Pero, a la hora de responder en la clave adecuada, la ciudadanía no solo debe ser la destinataria de la intervención pública, en la que el protagonismo corresponde a las instituciones culturales, sino que es necesario garantizar los enfoques participativos en la gestión del patrimonio cultural. Los beneficios son evidentes, porque implicar al público y a los profesionales en la gestión puede generar un mayor sentido de propiedad colectiva y facilitar la sostenibilidad de las instituciones culturales que intervienen a largo plazo.

Ahora bien, un enfoque participativo requiere que se realicen ajustes en la estructura de la gobernanza cultural y un cambio en la cultura organizacional de las instituciones culturales, que deben estar dispuestas a renunciar a una parte de su autoridad y poder. También exige que se valoren en igual medida los derechos de información y comunicación de quienes toman las decisiones y de quienes se verán afectadas por ellas, y que se establezca que todos los que intervienen en un proceso participativo tienen derecho a determinar de qué modo se llevará a cabo dicha participación. Se necesitan marcos jurídicos y mecanismos para conseguir una gobernanza cultural que sea realmente participativa y transparente, además de proporcionar formación a todas las personas implicadas: políticos, gestores, profesionales y comunidades. En particular, los profesionales de las instituciones culturales deben adquirir nuevas competencias que les permitan actuar como facilitadores e intermediarios en los procesos participativos. No obstante, el principal reto consiste en reflejar las necesidades de las personas involucradas, empoderándolas y ayudándolas a construir comunidades más sostenibles. También es importante que la transferencia de la competencia de toma de decisiones a las comunidades no se utilice para encubrir una falta de financiación por parte del sector público.

En los últimos tiempos se han incrementado las publicaciones y debates sobre gobernanza participativa de las instituciones culturales, pero es necesario realizar un esfuerzo por evaluar este fenómeno, escuchando la opinión de quienes participan para conocer hasta qué punto un enfoque participativo ha cambiado la estructura organizativa y los procedimientos de gestión de las instituciones culturales involucradas.

BIBLIOGRAFÍA

AZNAR, Pilar y M.ª Ángeles ULL (2013): *La responsabilidad por un mundo sostenible*, Bilbao, Desclée de Brouwer.

BALLESTEROS, Jesús (1995): *Ecologismo personalista*, Madrid, Tecnos.

BELL, Daniel (2010): *Las contradicciones culturales del capitalismo*, Madrid, Alianza Editorial.

BELLVER, Vicente (1996): «El futuro del derecho al medio ambiente», *Humana Iura: suplemento de derechos humanos*, 6, pp. 58-61.

CONEJERO PAZ, Enrique y María del Carmen SEGURA CUENCA (2020): «Gobernanza global y los Objetivos de Desarrollo Sostenible en España», *3C Empresa. Investigación y pensamiento crítico. Edición Especial COVID-19: Empresa, China y Geopolítica*, pp. 149-169.

CONRAD, Joseph (2008): *El corazón de las tinieblas*, 1.ª ed. 1899, Madrid: Alianza Editorial.

DELFÍN, Mauricio (2022): «Abrir la gobernanza cultural mediante la participación de la sociedad civil», en *Repensar las políticas para la creatividad: plantear la cultura como un bien público global, páginas,* París, UNESCO, pp. 117-137.

DUBOS, René (1986): *Un Dios Interior*, Barcelona, Salvat.

GADAMER, Hans-George (1997): *Mito y Razón*, Barcelona, Paidós Ibérica.

GUTIÉRREZ-CORTINES CORRAL, Cristina (ed.) (2002): *Desarrollo sostenible y patrimonio histórico y natural: una nueva mirada hacia la renovación del pasado*, Santander, Fundación Marcelino Botín.

HERRERO, Yayo, Fernando CEMBRANOS y Marta PASCUAL (2019): *Cambiar las gafas para mirar el mundo: una nueva cultura de la sostenibilidad*, Madrid, Libros en Acción.

KAGAN, Sacha (2011): *Art and Sustainability: Connecting Patterns for a Culture of Complexity*, Londres, Transaction Publishers.

KUMAR, Satish (2014): *Tierra, Alma, Sociedad: una nueva Trinidad para nuestro tiempo*, Barcelona, Kairós.

LIPOVETSKY, Gilles (2024): *La consagración de la autenticidad*, Barcelona, Anagrama.

LUQUE GALLEGOS, Virginia (2015): «Cultura y Desarrollo Sostenible. Periférica», *Revista para el análisis de la cultura y el territorio 16*, pp. 51-61.

MARCUSE, Herbert (2007): *La dimensión estética*, Madrid, Biblioteca Nueva.

MARTINELL, Alfons (dir.) (2020): *Cultura y Desarrollo Sostenible. Aportaciones al debate sobre la dimensión cultural de la Agenda 2030*, Madrid, REDS.

MICHAUD, Yves (2009): «Filosofía del arte y estética», *Disturbis 5*, en línea: <http://www.disturbis.esteticauab.org/Disturbis567/Michaud.html>.

MORENO MÚJICA, Magdalena (2022): «Construir sectores culturales y creativos resilientes y sostenibles», en *Repensar las políticas para la creatividad: plantear la cultura como un bien público global*, París, UNESCO, pp. 43-67.

PEDRAGOSA, Pau (2011): «Habitar, construir pensar en el mundo tecnológico», *Investigaciones Fenomenológicas 3*, pp. 362-378.

RIECHMANN, Jorge (2006): *Perdurar en un planeta habitable: ciencia, tecnología y sostenibilidad*, Barcelona, Icaria.

RIFKIN, Jeremy (2010): *La civilización empática: La carrera hacia un mundo global en un mundo de crisis*, Barcelona, Paidós Ibérica.

SAN MARTIN, Francisco Javier (2007): *Una estética sostenible: Arte en el final del Estado del bienes*tar, Pamplona, Cátedra Jorge Oteiza, Universidad Pública de Navarra, UNESCO.

SANDOVAL, Carlos; Andrea SANHUEZA y Alicia WILLINER (2025): *La planificación participativa para lograr un cambio estructural con igualdad. las estrategias de participación ciudadana en los procesos de planificación multiescalar*, Santiago de Chile, Comisión Económica para América Latina y el Caribe (CEPAL).

SCHILLER, Friedrich (1968): *Cartas sobre la educación estética del hombre*, 1.ª ed. 1794, Madrid, Espasa-Calpe.

SCHUMACHER, Ernst Friedrich (2011): *Lo pequeño es hermoso. Un estudio de la economía como si la gente importara*, Madrid: Akal.

THOREAU, Henry David (2025): *Walden o la vida en los bosques*, 1.ª ed. 1854, Madrid, Errata Naturae.

THOREAU, Henry David (1998): *Caminar*, 1.ª ed. 1861, Madrid, Ardora Ediciones.

SOSTENIBILIDAD Y EQUILIBRIO EN EL PATRIMONIO URBANO-TERRITORIAL*

Blanca del Espino Hidalgo
Universidad de Sevilla

La relación entre patrimonio cultural y sostenibilidad goza ya del necesario reconocimiento, tanto en la literatura científico-técnica como en las directrices internacionales y su aplicación a las herramientas de toma de decisión a distintos niveles, particularmente en lo que respecta a su importancia para la planificación y la gestión de la ciudad y el territorio. Este trabajo trata de ahondar en esta cuestión, comenzando por establecer un marco teórico y un análisis de la Nueva Agenda Urbana como marco de acción. Posteriormente, desarrolla el análisis de cuatro proyectos en Andalucía, con distintas escalas de intervención o análisis, y ordenados cronológicamente según su período de ejecución: los trabajos de análisis y propuestas de intervención sobre una barriada de viviendas sociales del movimiento moderno; la consideración del patrimonio cultural como oportunidad para la resiliencia de territorios rurales en grave riesgo de despoblación; la elaboración de herramientas para facilitar la autoevaluación y comunicación de su alineación con los principios de desarrollo sostenible a los gestores y propietarios de bienes patrimoniales; y, por último, la actuación de los valores patrimoniales de bienes patrimonio mundial de amplio reconocimiento, junto con la comunidad para la evaluación del impacto de sus intervenciones.

* La autora agradece a todos los compañeros de andadura de los proyectos aquí reseñados sus aportaciones a la construcción de este trabajo, muy especialmente a los responsables de los distintos proyectos, así como a las instituciones que los han liderado. Esta publicación es parte del proyecto de I+D+i PID2022-140917OA-I00, financiado/a por MICIU/AEI/10.13039/501100011033/ y FEDER/UE.

The relationship between cultural heritage and sustainability already enjoys the necessary recognition in both the scientific and technical literature and international guidelines, as well as its application to decision-making tools at different levels. One of these levels is its importance for urban and territorial planning and management. This work attempts to delve deeper into this issue. It first attempts to establish a theoretical framework and an analysis of the New Urban Agenda as a framework for action. It then develops an analysis of four projects in Andalusia, with different scales of intervention or analysis and ordered chronologically according to their execution period: the analysis and intervention proposals for a social housing neighborhood of the modern movement; the consideration of cultural heritage as an opportunity for resilience in rural areas at serious risk of depopulation; the development of tools to facilitate self-assessment and communication of their alignment with the principles of sustainable development to managers and owners of heritage assets; and, finally, the use of the heritage values of widely recognized World Heritage assets together with the community to assess the impact of their interventions.

INTRODUCCIÓN

El hecho de que, durante las últimas décadas, el paradigma de la sostenibilidad se haya erigido como uno de los grandes retos que alcanzar desde esferas muy diversas, ha provocado, quizás de forma tardía respecto a otros ámbitos, su llegada a la consideración de la cultura y el patrimonio. Esto entiende, por una parte, que los elementos heredados deben ser mantenidos de manera sostenible –lo que, en muchos casos, se traduce en un problema simplemente económico–, pero, por otra parte, también en que los bienes patrimoniales –así como cualquier manifestación cultural– deben contribuir a la sostenibilidad tanto física como social del entorno en el que se sitúan.

Lo que podría entenderse como un debate meramente práctico (Del Espino Hidalgo, 2015) tiene, en realidad, una raíz conceptual más profunda. Así, puede entenderse que nuestro patrimonio –lo que hemos heredado y, por tanto, se ha mantenido en el tiempo– es, de manera innata, sostenible y, además, que, por su necesidad de trascendencia, debe continuar siendo sostenido –desde los conceptos actuales de tutela patrimonial, en las mismas o en mejores condiciones que aquellas en las que lo hemos recibido–.

Esta doble interpretación ha dado lugar, a su vez, a dos maneras de considerar el patrimonio como motor de desarrollo local: por una parte, mediante la apropiación de la comunidad de los recursos patrimoniales, su contribución a la interpretación, valoración y tutela de estos, y el refuerzo del anclaje de la población a su territorio; y, por otra parte, mediante la promoción del turismo cultural o patrimonial, como una de las grandes industrias crecientes en Europa –y en gran parte del mundo– en los últimos años.

En el marco de las nuevas políticas urbanas y territoriales, entre las que destaca la figura de la agenda urbana como instrumento más reciente de planificación a múltiples niveles, el patrimonio ocupa, sin embargo, un valor creciente como objeto de sostenibilidad, pero también como recurso para el desarrollo local de las comunidades que lo atesoran, lo identifican, lo valoran y lo tutelan.

Este entendimiento de la sostenibilidad cultural, en el que el patrimonio es origen y motor de la transformación equilibrada de un mundo en constante evolución, es llevado a la práctica en este trabajo mediante la consideración de cuatro proyectos que abordan los principios planteados teóricamente y que se fundamentan en las directrices internacionales aplicadas a distintas escalas: de la arquitectura al barrio, de este a la ciudad y de esta al territorio.

PATRIMONIO CULTURAL Y SOSTENIBILIDAD: UNA REALIDAD TEÓRICA Y APLICADA

Patrimonio cultural y desarrollo sostenible: dos conceptos simétricos

La definición de lo patrimonial entronca de una manera particularmente relevante con la primera vez que, en 1987, el Informe Brundtlant enuncia lo que se considera como desarrollo sostenible: aquel que satisfaga las necesidades del presente sin comprometer la capacidad de las generaciones futuras de satisfacer sus propias necesidades (Brundtland et al., 1987). Como puede observarse, ambos conceptos incluyen la apreciación de un bien común en la actualidad que debe custodiarse, pero, más aún, debe darse en herencia a las generaciones venideras.

Así, y en relación con el uso del término *patrimonio* generalizado para los asuntos económicos, su origen está en la referencia que desde el derecho romano se hace a las propiedades que los patricios heredaban del padre, *pater*, para ser transmitidas, generación tras generación, en el seno familiar (Engels, 2008). Cuando, siglos después, su uso se asocia al de los bienes que posee una comunidad en la acepción de patrimonio cultural (Prats, 2000), se conservan dos características que ya aparecían en la primera definición: la apreciación de aquellos bienes que se heredan y la necesidad de transmitirlos al futuro, en una suerte de trascendencia.

149

No obstante, hay una oportunidad adicional en la consideración del patrimonio como refuerzo de la sostenibilidad, y es que, como construcción social (Prats, 2000), está fuertemente ligado al sentimiento de pertenencia. Así, la tutela compartida, en cuanto a posesiones comunes a un grupo de personas que comparten un legado o una cultura provoca la aparición de la identidad que, de este modo, se convierte en una cualidad propia del patrimonio cultural. De hecho, otra de las definiciones del patrimonio más reconocidas, enunciada por Georges-Henri Rivière (1989), hace referencia a aquellos bienes materiales e inmateriales sobre los que, como en un espejo, la población se contempla para reconocerse, donde busca la explicación del territorio donde está enraizada y en el que se sucedieron los pueblos que la precedieron. Un espejo que la gente ofrece a sus huéspedes para hacerse entender, en el respeto de su trabajo, de sus formas de comportamiento y de su intimidad, haciendo hincapié en el autoconocimiento de la sociedad en sus bienes patrimoniales, así como a su potencial como herramienta para mostrar a los demás su propia identidad.

En este contexto, debe destacarse la influencia que las actividades turísticas relacionadas con el patrimonio han tenido en la mejora del desarrollo social y económico de lugares con un rico legado cultural (Prideaux y Kininmont, 1999; Mata Olmo, 2008), si bien este efecto ha sido especialmente potente en los grandes centros urbanos patrimoniales, pasando más tarde a otros territorios (Ruiz y Hernández, 2007). Por otra parte, han sido estudiados también los problemas de la turistificación de las ciudades (López-Levi et al., 2014) y de las áreas rurales (Bardone, 2003; Costa y Barreto, 2007). Otros riesgos derivados de un excesivo peso del turismo cultural se han relacionado con la pérdida de la identidad local (Martínez Mauri, 2015).

No obstante, el patrimonio cultural puede contribuir a la consecución de algunos de los más importantes retos contemporáneos de la sostenibilidad como, entre otros, su capacidad para generar un sentido de comunidad (Keitumetse, 2014), o su potencial para anclar la población al territorio (Del Espino Hidalgo y Horeczki, 2022), lo que, a su vez, repercute positivamente en la mejora de las condiciones de vida de la población (Ashworth, 2013).

La inclusión del patrimonio cultural en los documentos sobre sostenibilidad y viceversa

Desde que se enunciase por primera vez, como decíamos, en 1987, el paradigma de la sostenibilidad se ha convertido en una de las bases de las políticas local y globalmente, una vez que fue asumido por la Declaración de Río de 1992, en la Conferencia de las Naciones Unidas sobre el Medio Ambiente y el Desarrollo Sostenible, y posteriormente desarrollado en la Carta de Aalborg, aprobada en la Conferencia Europea sobre Ciudades Sostenibles en 1994, punto de partida de las llamadas Agenda 21. Originalmente, se entendió que la sostenibilidad se basaba en tres pilares fundamentales, lo que se conoce como la teoría del triple resultado: el ambiental, el económico y el social (Elkington, 1997). Esta expresión fue acuñada originalmente para ser aplicada al mundo de los negocios, aunque después se ha extendido a otros ámbitos. Poco después, sin embargo, desde el ámbito académico se propone la inclusión de un cuarto pilar, el cultural (Hawkes, 2001), que ha sido interpretado también como un marco que engloba a los tres anteriores (figura 1).

FIGURA 1

La cultura como cuarto pilar, como centro o como contexto de la sostenibilidad

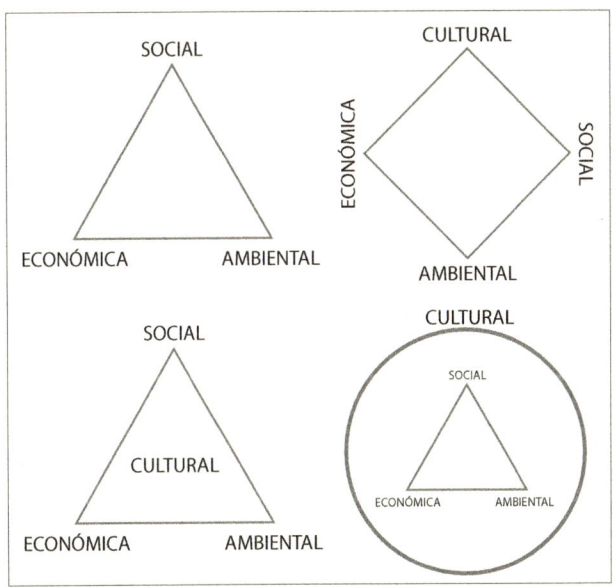

Fuente: elaboración propia.

A raíz de este debate, la cultura –y, dentro de esta, el patrimonio cultural– ha pasado paulatinamente a formar parte, también, del discurso de lo sostenible, hasta llegar a formar parte incluso de los documentos institucionales, como el caso de la Declaración de Hangzhou, aprobada en 2013 en el Congreso Internacional sobre La Cultura: Clave Para el Desarrollo Sostenible, organizado por la UNESCO, con el fin de situar la cultura en el centro de las políticas de desarrollo sostenible. Este documento supone, actualmente, el último gran reconocimiento a la vinculación de los valores patrimoniales con los desafíos globales del futuro.

Esos nuevos enfoques deben reconocer plenamente el papel que desempeña la cultura como sistema de valores, y como recurso y marco para alcanzar un desarrollo verdaderamente sostenible, la necesidad de aprender de las experiencias de las generaciones anteriores, y el reconocimiento de la cultura como parte de los bienes comunes mundiales y locales, y como fuente de creatividad y renovación (UNESCO, 2013).

La Declaración de Hangzhou incluye los siguientes preceptos fundamentales:[1]
- integrar la cultura en todas las políticas y programas de desarrollo;
- movilizar la cultura y la comprensión mutua en aras de propiciar la paz y la reconciliación;
- asegurar derechos culturales para todos en aras de fomentar un desarrollo social inclusivo;
- potenciar el uso de la cultura en la reducción de la pobreza y el desarrollo económico inclusivo;
- apoyarse en la cultura para promover la sostenibilidad ambiental;
- fortalecer la capacidad de recuperación ante los desastres y combatir el cambio climático mediante la cultura;
- valorar, salvaguardar y transmitir la cultura a futuras generaciones;
- utilizar la cultura como recurso para lograr un desarrollo y una gestión urbana sostenibles; y
- apoyarse en la cultura para fomentar modelos de cooperación innovadores e inclusivos.

Como puede observarse, este documento no es solo importante porque sistematiza los valores del patrimonio para el desarrollo sostenible, sino también porque aporta un marco oficial institucional a lo que ya desde el ámbito académico se había venido proponiendo: el hecho de que la cultura y el patrimonio no son solamente objeto de sostenibilidad, sino, más importante, fuente de inspiración para un mundo más sostenible y en línea con las metas fijadas en otros ámbitos de los organismos internacionales.

1. <https://unesdoc.unesco.org/ark:/48223/pf0000221238> (consulta: 08/08/2024).

Posicionamiento y objetivos del trabajo

Teniendo en cuenta las relaciones que acabamos de plantear entre el patrimonio cultural y la sostenibilidad, este trabajo trata de responder, a través del estudio de cuatro proyectos de investigación aplicada de distintas escalas, a las siguientes cuestiones:

- ¿Qué papel juega el patrimonio cultural en un mundo en continua transformación?
- ¿Supone la Agenda 2030 una oportunidad para convertirlo en un agente activo en las políticas sostenibles?
- ¿Cómo pueden los bienes patrimoniales ayudar a paliar los crecientes desequilibrios urbano-territoriales?
- ¿Supone el legado patrimonial una oportunidad para mejorar la cohesión de una sociedad fragmentada?
- ¿De qué manera esto puede revertir, a su vez, en la mejor conservación y el disfrute de nuestro rico acervo común por parte de la ciudadanía?

Todo ello será considerado desde una perspectiva eminentemente espacial y social, pero con una visión integradora de los distintos patrimonios.

PATRIMONIO URBANO-TERRITORIAL EN CLAVE DE SOSTENIBILIDAD: UN MARCO ESTRATÉGICO Y CUATRO MANERAS DE PONERLO EN PRÁCTICA

El patrimonio cultural en la Nueva Agenda Urbana

Paulatinamente, la cultura ha pasado a formar parte de los diferentes documentos oficiales sobre sostenibilidad. Podemos establecer como primeros hitos la ya mencionada Declaración de Hangzhou o la Declaración de Florencia: Cultura, Creatividad y Desarrollo Sostenible. Investigación, Innovación, Oportunidades del Foro Mundial de 2014 de la UNESCO, que pone en juego el papel de la cultura y el patrimonio como motores e inspiración para una sociedad más innovadora y resistente hoy en día, es decir, mejor adaptada a las condiciones actuales y a un mundo cambiante. Más recientemente, el último informe mundial de la UNESCO (2018), *Repensar las políticas culturales: creatividad para el desarrollo*, ha tomado nota de esta tendencia, definiendo como uno de sus cuatro objetivos fundamentales la integración de la cultura en los marcos del desarrollo sostenible. Sin embargo, los nuevos 17 Objetivos de Desarrollo Sostenible (ODS) de 2015 de la ONU no abordan ninguna cuestión relacionada con la cultura o el patrimonio histórico o cultural, sino que esta dimensión es asumida de forma implícita o transversal, apareciendo literalmente los términos *cultura* o *patrimonio* en metas específicas dentro de distintos objetivos: dentro del objetivo 11, «Ciudades y comunidades sostenibles», la meta 11.4, sobre proteger y salvaguardar el patrimonio cultural y natural; dentro del objetivo 12, «Producción y consumo responsables», la meta 12b, sobre turismo sostenible; dentro del objetivo 14, «Vida submarina», la meta 11.4, también sobre turismo sostenible; así como en mesas de trabajo intersectoriales como la formada para la promoción de la cultura y productos locales (objetivos 8 y 12, meta 8.9), para los desastres (objetivos 11 y 13), cultura y naturaleza (objetivos 15 y 16), turismo cultural (objetivos 8, 12, 14 y 15) y dentro del objetivo 13 sobre cambio climático (Alonso Campanero, 2019).

De lo anterior se denotan dos aspectos clave que reseñaremos de cara a la continuación del estudio: por una parte, el cuestionamiento de una presencia fuerte –o más bien la ausencia– del patrimonio cultural en los posicionamientos de cara al futuro de las ciudades, pues en el instrumento de mayor rango a escala global se le relega a algunas de las metas de rango secundario, tratándolo como una cuestión transversal (Merinero y Del Espino, 2019); por otra parte, la tendencia a la mercantilización del patrimonio en cuanto a lo abundante de su relación con el turismo cultural, es decir, su tratamiento como un recurso para conseguir la sostenibilidad en otros ámbitos que sí se tratan en los ODS.

No es sino en el objetivo 11, dedicado a la sostenibilidad de las ciudades y las comunidades, donde se incorpora una meta específica sobre su protección y salvaguarda, si bien se excluye aquí su capacidad para contribuir a una sostenibilidad o una resiliencia globales, es decir, su potencial para generar cohesión social o para contribuir al equilibrio ambiental o la eficiencia energética, entre otras capacidades.

Casi un año después de la firma del Acuerdo de París y la posterior publicación de los ODS en el marco de la Agenda 2030, la conferencia Habitat III, organizada en octubre de 2016 por Naciones Unidas sobre la vivienda y el desarrollo sostenible, se celebraba en Quito para generar la Nueva Agenda Urbana (NAU), que fue aprobada en la Asamblea General de la ONU en diciembre del mismo año y publicada a comienzos de 2017 con el objeto de servir como gran directriz a escala global para la implementación de los criterios de desarrollo sostenible en materia de urbanismo y vivienda y, más concretamente, del objetivo 11, lo que se menciona expresamente tanto en su prólogo como en el artículo 9.

La NAU no cuenta con una estructura segmentada por objetivos o áreas temáticas como en la Agenda 2030, sino que se basa, como en cualquier declaración, en una enumeración secuenciada de compromisos que dan pie, en la segunda parte del documento, a lo que se denomina el plan de aplicación y que se divide en grandes bloques: *a*) el desarrollo urbano sostenible en pro de la inclusión social la erradicación de la pobreza; *b*) la prosperidad urbana sostenible e inclusiva y oportunidades para todos; y *c*) el desarrollo urbano resiliente y ambientalmente sostenible. A continuación, se incluyen artículos adicionales para su aplicación efectiva –sobre la gobernanza urbana, la planificación y gestión del espacio urbano, y los medios para esta aplicación– y, finalmente, la necesidad de realizar un seguimiento y examen de la consecución de los principios formulados.

En este sentido, el patrimonio cultural no es mencionado en el documento entre los 23 primeros artículos que forman parte de la declaración inicial, sino que aparece, por primera vez, entre los compromisos para la inclusión social y la erradicación de la pobreza, concretamente en el 38:

> Nos comprometemos a aprovechar de forma sostenible el patrimonio natural y cultural, tanto tangible como intangible, en las ciudades y los asentamientos humanos, según proceda, mediante políticas urbanas y territoriales integradas e inversiones adecuadas en los planos nacional, subnacional y local, para salvaguardar y promover las infraestructuras y los sitios culturales, los museos, las culturas y los idiomas indígenas, así como los conocimientos y las artes tradicionales, destacando el papel que estos desempeñan en la rehabilitación y la revitalización de las zonas urbanas y en el fortalecimiento de la participación social y el ejercicio de la ciudadanía.[2]

Este párrafo es muy relevante, ya que incluye todas las acepciones que aparecerán, posteriormente, en diferentes momentos del resto de la NAU, y porque además incorpora visiones de lo patrimonial que entroncan con otros grandes documentos y directrices internacionales, incluyendo las siguientes:

— la apreciación del patrimonio natural y cultural como una unidad, que ya la UNESCO considera en sus declaraciones de patrimonio mundial;
— el sentido de aprovechamiento sostenible del patrimonio, es decir, su concepción como un recurso;
— la distinción entre ciudades y asentamientos humanos según proceda, esto es, la consideración de la escala urbana en la implementación;
— el concepto de salvaguarda como renovación de la tradicional tutela;

---

2.   <http://habitat3.org/wp-content/uploads/NUA-Spanish.pdf> (consulta: 09/09/2024).

– la inclusión de un amplio espectro de bienes patrimoniales, incluyendo bienes muebles e inmuebles y, especialmente, el patrimonio vernáculo e inmaterial; y

– la utilidad del acervo patrimonial no solamente como recurso para una regeneración material, sino para la promoción de la participación y el sentido de ciudadanía.

A partir de ese punto, se formularán otros preceptos que incluyen al patrimonio cultural en claves similares, por ejemplo, en cuanto a su oportunidad para desarrollar economías urbanas prósperas, dinámicas, sostenibles e inclusivas; para la creación de puestos de empleo de calidad, crecientes y productivos; preservándolo en la regeneración y adaptación de áreas urbanas; mediante su incorporación en planes, estrategias urbanas e instrumentos de planificación; y fomentando la movilización de este como estímulo de la participación y responsabilidad social mediante la inclusión de las comunidades locales en su promoción y difusión.

Igualmente, merece la pena destacar el papel que la NAU reserva al patrimonio cultural entre los mecanismos de planificación sostenible y regeneración territorial a través de su artículo 125:

> Apoyaremos la movilización del patrimonio cultural para el desarrollo urbano sostenible y reconocemos su función como estímulo de la participación y la responsabilidad. Promoveremos el uso innovador y sostenible de monumentos y espacios arquitectónicos con la intención de crear valor por medio de restauraciones y adaptaciones respetuosas. Incorporaremos a los pueblos indígenas y las comunidades locales en la promoción y difusión de los conocimientos del patrimonio cultural tangible e intangible y en la protección de las expresiones y los idiomas tradicionales, incluso mediante el uso de nuevas tecnologías y técnicas.[3]

En este caso, los compromisos fijados con anterioridad se transforman en intenciones o propósitos de carácter activo, y una vez más reconocen no solamente el deber de salvaguardar los bienes del patrimonio cultural, sino también la capacidad de aprovechar su presencia para mejorar la participación ciudadana y la responsabilidad social. En este sentido, cobra un especial valor la corresponsabilidad con la sociedad local en cuanto a la salvaguarda de los bienes patrimoniales, no siendo

---

3. <http://habitat3.org/wp-content/uploads/NUA-Spanish.pdf> (consulta: 09/09/2024).

percibida como una mera receptora sino como un agente clave de las nuevas políticas urbanas y culturales.

Cuatro proyectos en Andalucía

A continuación, será expuesta una serie de proyectos que, atendiendo a distintas escalas del patrimonio urbano o territorial, ofrecen un panorama acerca de cómo el trabajo con los bienes patrimoniales puede generar estrategias que contribuyan a la sostenibilidad cultural. Los proyectos han sido ordenados de forma cronológica, atendiendo a su momento de inicio e independientemente de su momento de finalización, ya que parte de ellos han desembocado en nuevas actividades o se encuentran aún en curso.

El proyecto _re-HABITAR

En 2016 el Instituto Andaluz del Patrimonio Histórico (IAPH) inició el desarrollo del proyecto de investigación _re-HABITAR. Proyecto de Actualización Tecnológica del Patrimonio Contemporáneo: Vivienda Social del Movimiento Moderno (Gómez Villa et al., 2019), con el objeto de definir una metodología para la conservación de este patrimonio tras haber contribuido, previamente, a las labores para su identificación, su registro o incluso su protección. Para ello, se decide trabajar en investigación aplicada a un caso de estudio particular: la barriada del Carmen en Sevilla, obra del arquitecto Luis Recasens Méndez-Queipo de Llano entre 1955 y 1958, convertida en objeto de análisis para obtener principios que pudieran ser extrapolables a casos asimilables.

Las viviendas sociales del movimiento moderno y, concretamente, los conjuntos habitacionales que gozan de valores patrimoniales reconocidos destacan, además, por la continuidad de su uso y, en muchos casos, y en este en particular, por la escasa alteración de sus elementos constructivos originales, lo que convertía estos espacios en un laboratorio ideal para ensayar, además, el análisis de sus cualidades técnico-constructivas y su adaptación a las condiciones de habitabilidad contemporáneas. Sin embargo, la barriada destacaba por la pervivencia en el tiempo de sus valores inmateriales que permitieron, por otra parte, reflexionar junto con los habitantes sobre los procesos de patrimonialización actuales. Así, se destacan aspectos tan relacionados con la sostenibilidad social y cultural como el vínculo de la población y su identificación con el espacio urbano o la adaptación a las nuevas tipologías de modos de vida traídos por los vecinos de sus lugares de origen.

FIGURA 2
Barriada del Carmen de Sevilla

Fuente: fondo gráfico del IAPH.

No obstante, esta tipología arquitectónica, aunque está reconocida desde hace décadas, carecía de metodologías de investigación e intervención suficientemente establecidas. Para abordar esta cuestión, se plantea el proyecto _re-HABITAR (2016-2018)[4] en colaboración con otras instituciones patrimoniales, entidades científicas y vecinos, implicándolos tanto en el proceso de valoración como en el de preservación. Este enfoque transversal permitió establecer reflexiones complejas y transversales sobre la naturaleza y particularidades de este patrimonio para, a partir de ellas, sentar las bases para propuestas de intervención que permitiesen preservar los valores del

4.   El proyecto fue financiado por la Consejería de Economía, Conocimiento, Empresas y Universidad de la Junta de Andalucía (incentivos a proyectos de aplicación del conocimiento), gestionado y coordinado por el IAPH, figurando como director Román Fernández-Baca Casares y como responsable José Luis Gómez Villa.

conjunto a la vez que mejorar la calidad de vida de sus habitantes. Los resultados obtenidos, por tanto, abordaban la sostenibilidad global del conjunto con un especial hincapié en la habitabilidad y los modos de vida de los habitantes de la barriada, así como en materia ambiental –tanto de la edificación como, muy especialmente, de su entorno verde y territorial–, y en el reconocimiento de los valores culturales y su divulgación junto con las personas que habían vivido en el lugar o aún lo hacían.

En 2019, el equipo del IAPH retomó el trabajo sobre este conjunto urbano con el análisis del grado de adecuación de sus edificios a la normativa técnica vigente en materia de edificación residencial. Este estudio se enmarcó en un proyecto coordinado por la Fundación Docomomo Ibérico y promovido por el Ministerio de Transporte, Movilidad y Agenda Urbana (MITMA, 2020)[5] que, a través de tres ejemplos representativos, analizaba las dificultades de la arquitectura residencial del Movimiento Moderno en España, aún en uso, para cumplir esta normativa –en especial, el Código Técnico de la Edificación (CTE)– y su obsolescencia respecto a los requerimientos actuales de habitabilidad y confort, con el objetivo final de mejorar sus prestaciones sin comprometer sus valores patrimoniales. En esta nueva iniciativa, el concepto de sostenibilidad venía más enlazado a lo que se puede esperar de la disciplina arquitectónica, como su relación con la eficiencia energética o con la accesibilidad universal.

Los trabajos en esta ocasión se centraron, por tanto, en tratar de aplicar la normativa vigente, con sus estándares actuales, a estas arquitecturas que, pese a gozar de una alta calidad constructiva y de diseño, no conseguían alcanzar las exigencias contemporáneas, muy especialmente en cuestiones relacionadas con la accesibilidad, la protección contra incendios o la eficiencia energética, que no suponían requisitos tan rigurosos en el momento de su diseño y construcción. Por otra parte, las posibles mejoras o intervenciones para acercarse a los requisitos debían, en todo momento, pasar por una consideración de su posible afección a los valores patrimoniales del conjunto residencial, optando, siempre que fuese posible, por soluciones que permitiesen el mayor grado posible de reconocimiento de los valores del conjunto (Castellano et al., 2023). En su mayoría, los análisis cuantitativos fueron sustituidos por valoraciones cualitativas y se propusieron intervenciones alternativas a las estandarizadas por la norma. Así, el trabajo resultó de un gran interés no solamente en

---

5.   Para el desarrollo de este proyecto se formó un grupo de trabajo en el que, además de la propia Fundación Docomomo Ibérico y el IAPH, participaron la Escuela Superior de Arquitectura de Valladolid, el Instituto de Ciencias de la Construcción Eduardo Torroja CSIC y el Consejo Superior de Arquitectos de España. Los trabajos del IAPH fueron coordinados por Marta García de Casasola Gómez.

cuanto a la sostenibilidad ambiental dada por las mejoras en la eficiencia energética o la ventilación sino, muy especialmente, en los ámbitos social y cultural.

Los proyectos SIN_PAR y SIT_PAR

El descenso demográfico, junto con el envejecimiento de los pequeños asentamientos y el progresivo envejecimiento de la población, son dos de los principales problemas que afectan actualmente a la estructura territorial del mundo occidental. Esto es extensible a la situación de buena parte de Andalucía, en particular, a sus municipios pequeños y medianos, marcados por una tendencia a la desagregación y el abandono de los asentamientos rurales que, sin embargo, atesoran un valioso patrimonio: magníficos ejemplos de arquitectura religiosa dispersa, algunos de los mejores elementos del patrimonio arqueológico a escala europea, enclaves paisajísticos de gran importancia histórica, una densa red de estructuras de patrimonio agrícola o un patrimonio inmaterial vivo y transmitido a los jóvenes, entre otros muchos posibles ejemplos. Por otra parte, la disminución de su densidad de población, particularmente envejecida, viene definida por la escasez de oportunidades de empleo y de crecimiento socioeconómico presentes en el mundo rural y esto, a su vez, por las características del propio territorio rural: sus grandes distancias y sus complicadas comunicaciones internas, lo que no favorece la movilidad física (Del Espino Hidalgo et al., 2022).

Ante esta doble realidad, se presentó la oportunidad de desarrollar un proyecto de investigación, financiado por dos convocatorias competitivas de ámbito autonómico, que indagase en la manera en que la gestión del patrimonio cultural podría mejorar el equilibrio urbano-territorial en las zonas rurales de Andalucía. Para ello, las humanidades digitales aparecían como un recurso fundamental para potenciar el desarrollo de estos lugares, pues permiten la conectividad de personas, territorios y recursos paliando el aislamiento físico de estos núcleos. El valor de la cooperación institucional, empresarial y humana a través del ámbito digital ha cobrado un protagonismo especial tras el contexto marcado por la reciente pandemia, lo que ha disipado muchas de las opiniones escépticas y reluctantes previas. Por otra parte, la creación de redes, la cartografía abierta en colaboración y las iniciativas para la activación del patrimonio en relación con las comunidades locales son temas de actualidad en las políticas científicas y los proyectos de investigación.

Los proyectos SIN_PAR y SIT_PAR[6] han investigado acerca de posibles estrategias de innovación en la intervención, gestión y comunicación del patrimonio disperso existente en las zonas rurales de Andalucía mediante la incorporación de nuevas tecnologías y de redes de cooperación territorial. El objetivo último ha sido potenciar el desarrollo local de la Andalucía rural a partir de sus recursos patrimoniales endógenos. Mediante la aplicación de estrategias innovadoras, los resultados se han orientado a facilitar la transición hacia un desarrollo sostenible e inteligente en las áreas rurales andaluzas que tradicionalmente han sufrido la desertificación y el abandono, al mismo tiempo que fortalecer el conocimiento de la población local de su propio legado histórico e identidad mediante el uso de las humanidades digitales.

Por una parte, se ha trabajado en la creación de redes colaborativas de conocimiento tanto experto como proveniente de personas que se encuentran en contacto directo con el trabajo que se desarrolla en estas áreas en torno al patrimonio cultural. Esta línea se materializa en acciones como el desarrollo de talleres participativos en varias comarcas rurales escogidas como caso de estudio –entre las cuales se encuentran el Andévalo, la sierra de Huelva y la Alpujarra almeriense–, a los que han acudido personas procedentes de entes institucionales, asociativos, grupos de desarrollo, empresas privadas o iniciativas particulares en torno al patrimonio cultural y el turismo. También destaca, en este ámbito, la creación de una red internacional de buenas prácticas, nutrida muy especialmente desde los miembros extranjeros del equipo, gracias a la cual se han recogido iniciativas de todo el mundo, tanto institucionales como ciudadanas o académicas, en las que el patrimonio cultural ha sido clave para el desarrollo de áreas rurales, vulnerables o periféricas.

---

6.   Sistema de Innovación para el Patrimonio de la Andalucía Rural (SIN_PAR) fue un proyecto de investigación financiado en la convocatoria 2020 de proyectos de I+D+i del PAIDI (código PY20-00298). Su desarrollo finalizó en diciembre de 2022. El Sistema de Innovación Turística para el Patrimonio de la Andalucía Rural (SIT_PAR) fue un proyecto financiado en la convocatoria 2020 de proyectos de interés colaborativo en el ámbito de los Ecosistemas de Innovación de los Centros de Excelencia Internacional, dentro del Centro de Excelencia Internacional en Patrimonio (código PYC20 RE IAPH 029). Su ejecución finalizó en abril de 2023. Ambos fueron cofinanciados con fondos europeos FEDER en el Programa Operativo 2014-2020, y su investigadora principal fue Blanca del Espino Hidalgo. Puede encontrarse más información sobre los proyectos en: www.patrimonio ruralandalucia.es.

FIGURA 3

Mapa interactivo y colaborativo del patrimonio rural de Andalucía

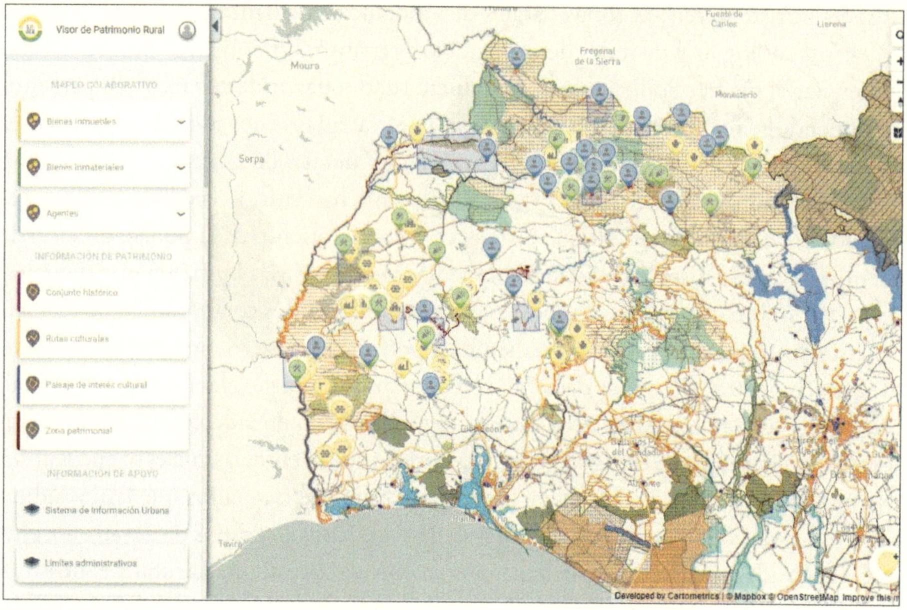

Fuente: proyectos SIN_PAR y SIT_PAR.

Por otra parte, se ha hecho uso de las nuevas tecnologías para establecer y sistematizar las colaboraciones arriba mencionadas, así como para obtener información sobre elementos y agentes patrimoniales en territorios rurales y promover la difusión de estos patrimonios. En ese sentido, destaca la integración en la página web del proyecto de la sección de iniciativas o buenas prácticas internacionales, cuya información se ha recogido en un formulario elaborado a tal efecto. La propia web aloja un repositorio de conocimiento en el que se depositan materiales de referencia tanto propios como ajenos al equipo. Así, se ha creado un visor cartográfico interactivo y participativo en el que, sobre una base de información cartográfica, la ciudadanía local o experta puede agregar información sobre bienes patrimoniales, así como situar a cualquier agente que esté trabajando sobre el ámbito patrimonial en el territorio (Del Espino Hidalgo y Rodríguez Díaz, 2023). Por último, se está desarrollando material divulgativo sobre elementos patrimoniales particularmente dispersos o poco conocidos, situados en distintos ámbitos de estas áreas rurales, mediante la inserción de imágenes 360°, fotografías, audio y contenido multimedia en visitas virtuales.

Frente a las habituales publicaciones de carácter científico, debe ser destacada la de la guía básica para el uso, la gestión y la intervención en patrimonio cultural de Andalucía (Del Espino Hidalgo, 2022), que pretende proporcionar orientaciones clave, de un modo sencillo, para que los gestores patrimoniales de estos territorios puedan tener a su disposición las herramientas necesarias para una toma de decisiones mejor orientada y más eficaz.

Los resultados alcanzados proporcionan las bases para una buena orientación de políticas culturales sostenibles a implementar en las áreas rurales andaluzas con un marcado carácter patrimonial, priorizando estrategias de información, formación, gestión y difusión en torno a su patrimonio cultural, que deben complementarse con la necesaria dotación de infraestructuras, servicios y recursos digitales en estos territorios.

El proyecto GARPODS

La Guía para la Acción del Recurso Patrimonial en los ODS (GARPODS)[7] es un proyecto de innovación, investigación y transferencia coordinado desde la Universidad de Córdoba con personal de distintos departamentos y colaboración con otras instituciones como la Universidad de Sevilla y el IAPH, con el apoyo de entidades comprometidas con la innovación y el bienestar de la sociedad, como son la asociación sin ánimo de lucro CUCO Club de Córdoba para la UNESCO y PAX-Patios de la Axerquía. Esta alianza multidisciplinar, complementada con un proceso de diálogo y consenso entre los responsables de la gestión de distintos recursos patrimoniales, dio forma a un proyecto con un enfoque teórico y práctico que promueve una visión integradora incorporando el patrimonio como eje en el desarrollo sostenible.

Alineado con los ODS, la NAU y la Agenda Urbana de Andalucía, se propone un programa de sensibilización y concienciación que implica la preservación de técnicas y tradiciones, y la incorporación de la innovación y el uso de nuevas tecnologías a favor de una gestión sostenible de los recursos patrimoniales en contextos urbanos.

Una vez identificada la necesidad de crear una herramienta de gestión del patrimonio que oriente al personal responsable de los recursos del patrimonio cultural

---

7. El proyecto, con una ejecución desde noviembre de 2022 hasta febrero de 2024, fue financiado por la Convocatoria de Ayudas para Universidades Públicas Andaluzas de Proyectos de Investigación 2022 de la Consejería de Fomento, Articulación del Territorio y Vivienda de la Junta de Andalucía, desde la Secretaría General de Vivienda, bajo la coordinación de la investigadora responsable María Ángeles Jordano Barbudo.

en la implementación de los ODS, se pretende crear una herramienta que fomente la conciencia sobre la importancia de que los recursos del patrimonio cultural estén alineados con la Agenda 2030 y que, además, facilite la aplicación de los ODS en el día a día de las diferentes instituciones. Para ello, se incorpora la metodología SDG Compass, una potente herramienta para la aplicación de los ODS en el ámbito empresarial. Para su adaptación al ámbito patrimonial (Rosique et al., 2024), se han mantenido reuniones con expertos en el ámbito patrimonial de la provincia de Córdoba, tanto de forma individual como conjunta, y se han realizado encuestas a diferentes grupos de interés (gestores, empleados, proveedores, visitantes), quienes han diversificado el análisis.

FIGURA 4

Portadas de los tres volúmenes de la Guía para la acción del recurso patrimonial en los ODS

  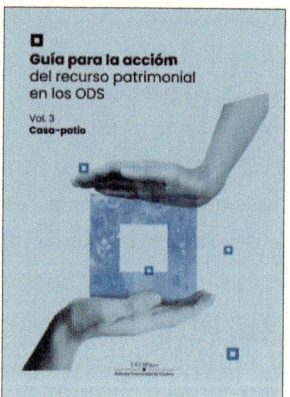

Fuente: proyecto GARPODS.

El resultado fundamental es la publicación de guía dividida en tres volúmenes (Jordano Barbudo y De Prado Ruiz Santaella, 2024) que tiene como objetivo orientar a los responsables de la gestión patrimonial en la integración de la sostenibilidad en sus actividades y procesos de toma de decisiones. Su propósito es fomentar una gestión sostenible de los recursos patrimoniales culturales, promoviendo la inclusión, la protección del medio ambiente y contribuyendo al bienestar social a través del uso y disfrute del patrimonio, para las generaciones tanto presentes como futuras.

El documento proporciona recursos visuales para incorporar la sostenibilidad en la gestión, utilizando un lenguaje claro y presentando una serie de pasos que guían al usuario, permitiéndole adaptarse a las particularidades de cada recurso patrimonial.

Esto la convierte en una herramienta aplicable a una variedad de contextos. Así, las tres guías que se han diseñado atienden a tres perfiles de espacios patrimoniales cuyos gestores o propietarios tengan interés en incorporar la sostenibilidad en su gestión:

- la guía para la acción de un recurso patrimonial cultural, dirigida a los museos, monumentos, centros de interpretación, bibliotecas, archivos, yacimientos arqueológicos, conjuntos arqueológicos, patrimonio industrial y arquitectura contemporánea;
- la guía para la acción de un recurso patrimonial verde urbano, de aplicación para los parques y jardines, arbolado viario, infraestructuras viales ajardinadas, cementerios y riberas en cuya gestión se pretenda incorporar la sostenibilidad; y
- la guía para la acción de la casa-patio, orientada tanto a las casas unifamiliares como a las casas de vecinos que tengan un patio, a los alojamientos turísticos en casas-patio, o a los monumentos, conventos y monasterios con claustros o patios.

Teniendo en cuenta las necesidades y especificaciones en cada uno de los tres casos, se han elaborado una serie de herramientas que tienen por objeto facilitar la alineación de su gestión patrimonial con los ODS. Su aplicación favorecerá el uso eficiente de los recursos, salvaguardando y conservando el patrimonio para las generaciones futuras, gracias a los conocimientos y las habilidades transmitidos por la comunidad patrimonial.

Aunque esta iniciativa ha nacido y se ha aplicado inicialmente en el contexto de la provincia de Córdoba, aspira a ser un ejemplo de inspiración para otras regiones, ofreciendo un modelo de regeneración urbana construido junto con la ciudadanía, generando un sentimiento de pertenencia a través de la sostenibilidad. En este contexto, la conservación y salvaguarda se presentan como elementos cruciales para lograr el desarrollo sostenible.

El proyecto WHATS-UP

El proyecto WHATS-UP,[8] actualmente en marcha, pretende proporcionar modelos y experiencias contrastadas para la actualización de los valores y los estudios de impac-

---

8. Proyecto financiado en la Convocatoria 2022, Proyectos de Generación de Conocimiento, Ministerio de Ciencia e Innovación del Ministerio de España, con título en inglés *WHATS-UP_*

to patrimonial de los bienes patrimonio mundial y, por extensión, de cualquier bien patrimonial que presente condiciones de complejidad, relevancia urbano-territorial y social (García de Casasola Gómez y Del Espino Hidalgo, 2024).

Para ello, desarrolla una metodología a partir de las directrices marcadas por ICOMOS en su *Guidance on Heritage Impact Assessments for Cultural World Heritage Assets* del 2011,[9] reforzada gracias a la experiencia en conservación de bienes culturales en el contexto andaluz desde el trabajo desarrollado por el IAPH y buena parte de los investigadores de un amplio equipo pluridisciplinar e intergeneracional. Incorpora, además, las directrices internacionales en materia de sostenibilidad cultural, entendiendo a la ciudad patrimonial no solo como algo que debe ser conservado, sino, fundamentalmente, como un agente de cohesión social y dinamización ciudadana, lo que se ve reforzado mediante la inclusión de mecanismos híbridos –presenciales y digitales– de participación a distintas escalas.

Las instituciones responsables de la tutela de los bienes patrimonio mundial (PM) tienen, por lo general, dificultades para evaluar el impacto de las acciones que, a menudo, son trazadas a través de sus documentos de planificación estratégica. Aunque no existe una reglamentación específica sobre las evaluaciones de impacto patrimonial (EIP), publicadas por la UNESCO, el ICCROM, el ICOMOS y la IUCN en 2022,[10] la experiencia de los estudios de impacto medioambiental, así como el creciente desarrollo de informes de valores culturales de bienes patrimoniales, suponen un punto de partida suficientemente completo sobre el que empezar a dar forma a este tipo de documentos, tal y como reconoce ICOMOS, que también llama la atención sobre la necesidad de abordar cualquier consideración patrimonial desde una perspectiva integral y global.

Las EIP se caracterizan por desarrollarse en situaciones de gestión del cambio en bienes inscritos en la lista de PM, basadas en la evaluación de cómo afectan los proyectos, planes o intervenciones a los valores universales excepcionales (VUE) identificados. Con declaraciones que, en buena medida, proceden de las décadas de los años ochenta y noventa del siglo XX se hace necesaria una actualización del

---

World Heritage: an Approach To Social sustainability while UPgrading cultural values. Liderado desde la Universidad de Sevilla, y con Marta García de Casasola Gómez y Blanca del Espino Hidalgo como investigadoras principales, se encuentra en ejecución desde octubre de 2023 hasta agosto de 2027 (Referencia PID2022-140917OA-I00).

9.   <https://www.iccrom.org/sites/default/files/2018-07/icomos_guidance_on_heritage _impact_assessments_for_cultural_world_heritage_properties.pdf> (consulta: 14/08/2024).

10.   <https://openarchive.icomos.org/id/eprint/2707/2/impact_assessment_22_v14.pdf> (consulta: 14/08/2024).

concepto del valor patrimonial, superando las meras descripciones de los bienes y sus características o la valoración centrada en cuestiones fundamentalmente materiales, que no atendía explícitamente a cuestiones tan importantes hoy como lo medioambiental o lo social. La tarea de resignificación de los valores culturales asociados a los bienes PM, que completarían los VUE en las declaraciones de cara a las EIP, deben hacerse de mano de las comunidades patrimoniales en la línea de lo indicado por la Convención de Faro aprobado por el Consejo de Europa en 2005, desarrollando procesos metodológicos que garanticen la implementación de procesos participativos efectivos.

FIGURA 5

Cuestiones clave para las EIP según las directrices del 2022 de la UNESCO, el ICCROM, el ICOMOS y la IUCN

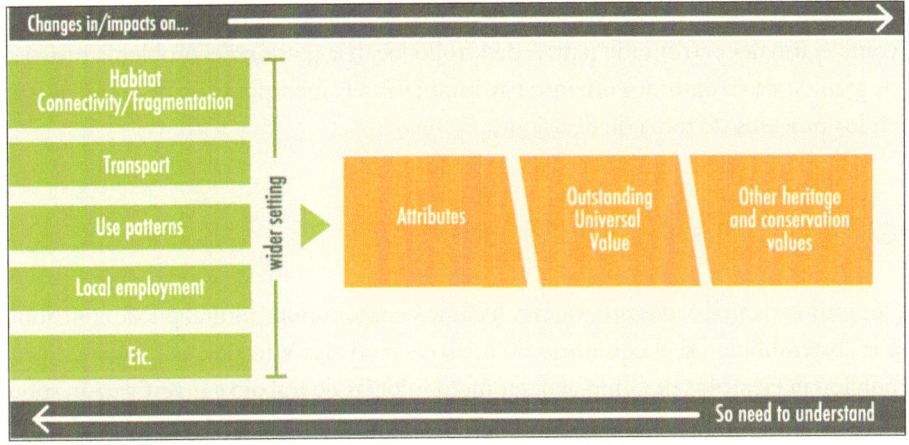

Fuente: UNESCO, ICCROM, ICOMOS e IUCN (2022: 22).[11]

Este trabajo, que tiene como marco territorial inicial el territorio andaluz y como fin último el aprovechamiento sostenible de sus recursos endógenos, particularmente su patrimonio cultural, pretende contribuir al equilibrio territorial, las oportunidades sociales, culturales y económicas y el desarrollo local sostenible de las áreas urbanas mediante un modelo fácilmente adaptable y replicable en otros contextos. La investigación está siendo aplicada a dos casos de estudio situados en contextos urbanos de gran complejidad: el Real Alcázar de Sevilla y la Alhambra

---

11.   <https://openarchive.icomos.org/id/eprint/2707/2/impact_assessment_22_v14.pdf> (consulta: 14/08/2024).

de Granada, incluidos respectivamente en la Lista del Patrimonio Mundial en 1987 y 1984. Además de estar integrados en tejido urbano consolidado, perteneciente a ámbitos con dinámicas metropolitanas y una fuerte presión turística, ambos han sido o están siendo objeto de intervenciones recientes. Su caracterización patrimonial y tipológica, con claros puntos en común pero también diferencias sensibles, los hace idóneos para el estudio comparado.

Más allá de la productividad científica, los resultados técnicos esperados –tanto una matriz actualizada de valores culturales y su testeo en dos conjuntos del patrimonio mundial como los modelos metodológicos para las EIP– pretenden convertirse en herramientas útiles para las personas encargadas de la toma de decisiones en materia de gestión patrimonial y urbana, lo cual se fomentará desde el equipo mediante la transferencia directa a las instituciones públicas que han manifestado su interés y que abarcan el contexto local, autonómico, nacional e internacional. La naturaleza sostenible del proyecto WHATS-UP se hace evidente en la incorporación de principios como el uso del patrimonio para el desarrollo local, la gestión del problema turístico de gran escala en entornos urbanos patrimoniales o la incorporación de la ciudadanía en los procesos de toma de decisiones.

CONCLUSIONES

Los proyectos analizados nos muestran cómo el patrimonio cultural puede contribuir a la sostenibilidad y el equilibrio de nuestras ciudades y territorios. Además, proporcionan ejemplos de cómo generar metodologías de trabajo e investigación sobre conjuntos patrimoniales singulares de distintas escalas teniendo la sostenibilidad social y cultural como marco de actuación. En este sentido, podemos extraer varias conclusiones que, a modo de corolario, ponen en relación las cuestiones aprendidas de las distintas experiencias expuestas.

Como cuestión más inmediata, podemos considerar que los proyectos destinados a la conservación sostenible del patrimonio inmueble o construido redundan, de manera evidente, en la reducción de residuos y apoyan la llamada economía de kilómetro cero. Si, además, estos proyectos van destinados a la mejora de las condiciones de eficiencia energética de las edificaciones, en su accesibilidad, su protección material o su usabilidad, este efecto se multiplica, y pasa a contribuir también a una mejora en la calidad de vida de quienes los utilizan y habitan.

Todos los proyectos aquí tratados abordan trabajos sobre un conjunto de bienes que redunda en una mejora de los resultados respecto a trabajar sobre elementos aislados: ya sea mediante la elección de casos de estudio asimilables, el análisis de una barriada con edificaciones y situaciones diversas, el tratamiento de bienes de distinta naturaleza en un ámbito provincial o, directamente, mediante la investigación de los beneficios del trabajo sobre el patrimonio cultural sobre un área territorial rural extensa, puede observarse cómo el trabajo en red es una tónica general en las metodologías de investigación y acción patrimonial con criterios de sostenibilidad.

Si bien, como ya decíamos, este trabajo se centra en el patrimonio inmueble a distintas escalas, otra de las cuestiones común a los distintos casos estudiados ha sido cómo la consideración espacial ha sido complementada o a veces incluso superada por los valores intangibles de los distintos bienes. Esto viene a redundar en la consabida naturaleza interdisciplinar del trabajo patrimonial, pero, más aún, revela que, en cuestiones de sostenibilidad cultural, los compromisos adquiridos por la comunidad patrimonial mediante la asociación de memorias y sentimientos colectivos sobre lo material son fundamentales.

En este sentido, y como ya refería la Nueva Agenda Urbana, una de las cualidades fundamentales del patrimonio cultural en cuanto a su contribución a la sostenibilidad tanto local como global es su capacidad de reforzar los vínculos identitarios de las personas con sus territorios. Los distintos proyectos analizados profundizan en esta relación en todas las escalas, desde la edificación aislada, pero de gran relevancia en su entorno, y la relación entre gestores y usuarios o visitantes, hasta la dimensión territorial y su incidencia el anclaje o incluso el retorno de la población, pasando por la gestión de áreas de alta densidad turística o de la revitalización de barriadas residenciales.

Finalmente, la que posiblemente sea la premisa metodológica que, de manera más clara, se marca como transversal y fundamental en todas las experiencias aquí consideradas sea, precisamente, la del trabajo con la comunidad patrimonial. Se destaca, así, la incorporación de personas, colectivos e instituciones que no solamente conocen de primera mano los bienes objeto de estudio o intervención, sino que, más aún, construyen el proceso de su patrimonialización mediante su valoración. El diálogo permanente y su inclusión en las metodologías, no como meros receptores y facilitadores sino, más aún, en los procesos de toma de decisiones y en la gestión cotidiana de su entorno patrimonial, constituyen una garantía fundamental para el trabajo en términos de sostenibilidad cultural.

BIBLIOGRAFÍA

ALONSO CAMPANERO, José Alberto (2019): «Nuevas agendas urbanas: alineación con los Objetivos de Desarrollo Sostenible e integración de las ONG y Sociedad Civil. Estrategia y objetivos de ICOMOS», *Revista PH* 97, pp. 153-154.

ASHWORTH, Gregory J. (2013): «Heritage and local development: a reluctant relationship», en Ilde Rizzo y Anna Mignosa (eds.): *Handbook on the Economics of Cultural Heritage*, Cheltenham, Edward Elgar, pp. 367-385.

BARDONE, Ester (2003): *My Farm is My Stage: A Performance Perspective on Rural Tourism and Hospitality Services in Estonia, Tartu, University of Tartu Press*, en línea: <https://dspace.ut.ee/server/api/core/bitstreams/f4bc84a1-753b-4735 -a150-3c824716264a/content>.

BRUNDTLAND, Gro Harlem et al. (1987): *Brutndtland Report. Our common future*, Oxford, Oxford University Press.

CASTELLANO BRAVO, Beatriz; Soledad GONZÁLEZ ARQUES; José Luis GÓMEZ VILLA y Blanca DEL ESPINO HIDALGO (2023): «La preservación de los valores patrimoniales en la actualización habitacional de la arquitectura residencial del movimiento moderno: el caso de la Barriada de El Carmen (Sevilla)», en Susana Landrove Bossut; Sara Pérez Barreiro y Daniel Villalobos Alonso (eds.): *Actuaciones en el Patrimonio Arquitectónico del Mo.Mo. Actas del XII Congreso DOCOMOMO Ibérico*, Valladolid, 27, 28 y 29 de septiembre de 2023, Fundación DOCOMOMO Ibérico, pp. 475-494.

COSTA BEBER, Ana María y Margarita BARRETO (2007): «Los cambios socioculturales y el turismo rural: el caso de una posada familiar», *PASOS: Revista de Turismo y Patrimonio Cultural* 5(1), pp. 45-52.

DEL ESPINO HIDALGO, Blanca (2015): «Patrimonio urbano. La ciudad sostenida en tiempos de lo sostenible», *Revista PH*, 87, pp. 223-225.

DEL ESPINO HIDALGO, Blanca; Virginia RODRÍGUEZ DÍAZ; Yolanda GONZÁLEZ-CAMPOS BAEZA e Isabel SANTANA FALCÓN (2022): «Indicadores de accesibilidad para la evaluación del patrimonio cultural como recurso de desarrollo en áreas rurales de Huelva», *ACE: architecture, city and environment* 50, en línea: <https:// upcommons.upc.edu/handle/2117/377727>.

DEL ESPINO HIDALGO, Blanca y Réka HORECZKI (2022): «Innovative and Sustainable Cultural Heritage for Local Development in the Face of Territorial Imbalance», *ACE: architecture, city and environment*, 50, en línea: <https://upcommons .upc.edu/handle/2117/377714>.

DEL ESPINO HIDALGO, Blanca y Virginia RODRÍGUEZ DÍAZ (2023): «Collaborative Mapping as a Tool for Citizen Participation: A Case of Cultural Heritage Management in Rural Areas», *Architecture* 3(4), pp. 658-670.

ELKINGTON, John (1998): *Cannibals with Forks: The Triple Bottom Line of 21st Century Business*, Londres, New Society Publishers.

ENGELS, Friedrich (2008): *El origen de la familia, la propiedad privada y el estado*, Madrid, Alianza Editorial.

GARCÍA DE CASASOLA GÓMEZ, Marta y Blanca DEL ESPINO HIDALGO (2024): «El proyecto de investigación WHATS-UP propone innovación metodológica para la evaluación del impacto en bienes patrimonio mundial», *Revista PH* 112, pp. 17-19.

GÓMEZ VILLA, José Luis; Marta GARCÍA DE CASASOLA GÓMEZ y Blanca DEL ESPINO HIDALGO (coords.) (2019): *re-HABITAR el Carmen: Un proyecto sobre patrimonio contemporáneo*, Sevilla, Junta de Andalucía, Consejería de Cultura y Patrimonio Histórico.

HAWKES, John (2001): *The fourth pillar of sustainability: Culture's Essential Role in Public Planning*, Melbourne, Common Ground.

JORDANO BARBUDO, María Ángeles y Carmen DE PRADO RUIZ SANTAELLA (coords.) (2024): *Guía para la acción del recurso patrimonial en los ODS*, Córdoba, Universidad de Córdoba-UCOPress.

KEITUMETSE, Susan O. (2014): «Cultural Resources as Sustainability Enablers: Towards a Community- Based Cultural Heritage Resource Management», *Sustainability* 6, pp. 70-85.

MARTÍNEZ MAURI, Mónica (2015): «Una mirada sobre la turistificación de la antropología del desarrollo en el Estado español», *PASOS: Revista de Turismo y Patrimonio Cultural* 13(2), pp. 347-358.

MATA OLMO, Rafael (2008). «El paisaje, patrimonio y recurso para el desarrollo territorial sostenible. Conocimiento y acción pública», *Arbor. Ciencia, Pensamiento y Cultura* 184(727), pp. 155-172.

MERINERO RODRÍGUEZ, Rafael y Blanca DEL ESPINO HIDALGO (2019): «Breve síntesis. ¿Están el patrimonio y la cultura en la agenda de las ciudades del futuro?», *Revista PH* 97, pp. 120-125.

PRATS CANALS, Llorenç (2000): «El concepto de patrimonio cultural», *Cuadernos de antropología social* 11, pp. 115-136.

PRIDEAUX, Bruce R. y Lee-Jaye KININMONT (1999): «Tourism and heritage are not strangers: A study of opportunities for rural heritage», *Journal of Travel Research* 37(3), pp. 299-303.

RIVIÉRE, Georges Henry (1989): *La muséologie selon Georges-Henri Rivière*, París, Dunod.

ROSIQUE RODRÍGUEZ, María Victoria; Carmen DE PRADO RUIZ SANTAELLA y María Ángeles JORDANO BARBUDO (2024): «Contribution of cultural heritage resources to the 2030 agenda SDGS», *Journal of Cultural Heritage Management and Sustainable Development*, en línea: <https://doi.org/10.1108/JCHMSD-06-2023-0090>.